海洋能开发利用技术进展 2020

麻常雷　主编

海洋出版社

2022 年·北京

图书在版编目(CIP)数据

海洋能开发利用技术进展. 2020 / 麻常雷主编. -- 北京：
海洋出版社，2022.2

ISBN 978-7-5210-0933-0

Ⅰ.①海…　Ⅱ.①麻…　Ⅲ.①海洋动力资源-海洋开
发-研究报告-中国-2020②海洋动力资源-资源利用-
研究报告-中国-2020　Ⅳ.①P743

中国版本图书馆 CIP 数据核字(2022)第 026472 号

责任编辑：苏　勤

责任印制：安　淼

海洋出版社出版发行

http://www.oceanpress.com.cn

北京市海淀区大慧寺路 8 号　邮编：100081

北京顶佳世纪印刷有限公司　　　新华书店经销

2022 年 2 月第 1 版　2022 年 2 月北京第 1 次印刷

开本：787 mm×1092 mm　1/16　印张：6.75

字数：100 千字　定价：198.00 元

发行部：010-62100090　邮购部：010-62100072　总编室：010-62100034

海洋版图书印、装错误可随时退换

编者说明
Bianzhe Shuoming

我国"碳达峰、碳中和"战略目标的提出，为海洋能开发利用技术向产业化发展提供了重要机遇。在《中华人民共和国国民经济和社会发展第十四个五年规划和 2035 年远景目标纲要》的指导下，我国正持续推进海洋能规模化利用。

为总结我国海洋能技术进展，为推动我国海洋能产业发展提供决策支持，国家海洋技术中心研究国内外海洋能动态，对最近一年我国海洋能技术进展进行了梳理和总结，编辑成《海洋能开发利用技术进展 2020》。本书引用的数据时间截至 2020 年 12 月底。

本书由麻常雷主编并负责统稿，第一章由麻常雷（第一节）、张彩琳（第二节）编写，第二章由历鑫（第一节）、陈利博（第二节、第三节）编写，第三章由王花梅和路宽（第一节）、石建军（第二节）、夏海南（第三节）、李健（第四节）编写，第四章由张多（第一节）、王萌和丁杰（第二节）、麻常雷（第三节）编写，第五章由麻常雷（第一节、第三节）、李超（第二节）、张多（第四节、第五节）编写。

在本书的编写过程中，自然资源部海洋战略规划与经济司给予了重要指导，江厦潮汐试验电站、海山潮汐电站、LHD 公司、浙江大学、中国科学院广州能源研究所等单位提供了相关资料和数据支持。书中难免有不完善之处，诚挚希望读者提出批评和指正。

麻常雷

2021 年 11 月

M目录 MuLu

第一章　我国海洋能发展政策

2020 年 1 月以来，国务院及国家发展改革委、自然资源部等相关部门制定并发布了多个涉及海洋能开发利用的相关政策法规，沿海省市为加快推动我国海洋能技术产业化发展营造了积极环境。

第一节　规划法规

一、国家层面规划法规

(一)《可再生能源电价附加资金管理办法》

2020 年 1 月，为促进可再生能源开发利用，规范可再生能源电价附加资金管理，提高资金使用效率，财政部、国家发展改革委、国家能源局联合发布《可再生能源电价附加资金管理办法》(以下简称《管理办法》)。

《管理办法》指出，需补贴的新增可再生能源发电项目，由财政部根据补助资金年度增收水平、技术进步和行业发展等情况，合理确定补助资金当年支持的新增可再生能源发电项目补贴总额。国家发展改革委、国家能源局根据可再生能源发展规划、技术进步等情况，在不超过财政部确定的年度新增补贴总额内，合理确定各类需补贴的可再生能源发电项目新增装机规模。

(二)《关于加快建立绿色生产和消费法规政策体系的意见》

2020 年 3 月，国家发展改革委、司法部联合印发《关于加快建立绿色生产和消费法规政策体系的意见》(以下简称《意见》)。《意见》指出，推行绿色生产和消费是建设生态文明、实现高质量发展的重要内容。《意见》提出，研究制定氢能、海洋能等新能源发展的标准规范和支持政策(2021 年完成)，由能源局、国家发展改革委、科技部、工业和信息化部、自然资源部、市场监管总局负责。

(三)《2020 年能源工作指导意见》

2020 年 6 月，为保障能源安全，推动能源高质量发展，国家能源局发布《2020 年能源工作指导意见》，提出坚持以清洁低碳为发展目标，坚持清洁低碳战略方向不动摇，持续扩大清洁能源消费占比，推动能源绿色低碳转型，壮大清洁能源产业。

(四)《新时代的中国能源发展》

2020 年 12 月，为全面阐述新时代新阶段我国能源安全发展战略的主要政策和重大举措，让国内外社会全面了解我国能源政策和发展现状，国务院新闻办公室发布了《新时代的中国能源发展》白皮书(以下简称《白皮书》)。

《白皮书》系统介绍了党的十八大以来我国推进能源革命的历史性成就。《白皮书》指出：中国坚持创新、协调、绿色、开放、共享的新发展理念，构建多元清洁的能源供应体系，实施创新驱动发展战略，贯彻"推动能源消费革命、推动能源供给革命、推动能源技术革命、推动能源体制革命、全方位加强国际合作"的"四个革命、一个合作"的能源安全战略。

《白皮书》提出优先发展非化石能源,大力推进低碳能源替代高碳能源、可再生能源替代化石能源。因地制宜发展海洋能,积极推进潮流能、波浪能等海洋能技术研发和示范应用。

(五)《关于印发〈绿色技术推广目录(2020年)〉的通知》

2020年12月,为推动社会经济发展全面绿色转型、打赢污染防治攻坚战,实现碳达峰、碳中和目标提供技术支撑,国家发展改革委、科技部、工业和信息化部、自然资源部联合发布《关于印发〈绿色技术推广目录(2020年)〉的通知》(以下简称《通知》)。

《通知》围绕节能环保产业、清洁生产产业、清洁能源产业、生态环境产业、基础设施绿色升级等领域对116项绿色技术进行推广应用,清洁能源产业领域共有15项技术入选国家首批绿色技术推荐名单,其中包括"海上风电场升压站结构设计、建设和保障技术"和"10 MW海上风电机组设计技术"。

二、沿海省市规划法规

(一)《广东省项目用海政策实施工作指引》

2020年2月,广东省自然资源厅在系统梳理近年来国家和广东省出台的项目用海有关政策的基础上,编制形成了《广东省项目用海政策实施工作指引》(以下简称《工作指引》),用以指引海域申请人办理海域使用申请手续,指导沿海地市自然资源主管部门规范海域使用受理审查审批，同时提供其他行业主管部门参考。

《工作指引》坚持生态优先、保护优先、集约节约、严格保护的原则，使海上风电和海洋能项目开发用海的审批手续更加简化，审批时间大大缩短，有效地保障了海上风电、海洋能等项目及时开工建设。2020 年广东省自然资源厅批复大万山波浪能示范工程项目用海 173 hm^2，保障了珠海万山国家级波浪能试验场顺利建设。

(二)《广东省培育新能源战略性新兴产业集群行动计划 (2021—2025 年)》

2020 年 9 月，为加快培育新能源战略性新兴产业集群，广东省发展改革委、广东省能源局、广东省科学技术厅、广东省工业和信息化厅、广东省自然资源厅、广东省生态环境厅联合发布《广东省培育新能源战略性新兴产业集群行动计划(2021—2025 年)》，提出有序推动新能源开发应用，示范开发海洋能，支持开展近海深水区海上风电柔性直流集中送出示范工程、漂浮式海上风电与海洋牧场、海上制氢综合开发示范工程。

(三)《广东省培育高端装备制造战略性新兴产业集群行动计划(2021—2025 年)》

2020 年 9 月，为加快培育高端装备制造战略性新兴产业集群，广东省工业和信息化厅、广东省发展改革委、广东省科学技术厅、广东省商务厅、广东省市场监督管理局联合发布《广东省培育高端装备制造战略性新兴产业集群行动计划(2021—2025 年)》，提出重点推进深圳建设全球海洋中心城市，以广州为主建设海洋工程技术配套设备基地，以中山为主建设海上风电机组研发中心，以阳江为主建设海上风电产业基地，形成以广州、深圳、珠海、中山、阳江为核心的海洋高端装备产业集聚区。推动南方海洋科学与工程广东省实验室等平台建设，培育一批具有国际水平的海洋工程装备研发中心和重点工程实验室。支持在海上浮式风电、海上风电机组、深海渔业装备等领域突破一批关键技术和零部件配套瓶颈。

第二节　资金计划

在海洋可再生能源专项资金、国家重点研发计划、国家自然科学基金等持续支持下，我国海洋能技术在基础科学研究、关键技术研发、工程示范等方面取得了较大进展。

一、海洋可再生能源专项资金

海洋可再生能源专项资金（以下简称"专项资金"）自 2010 年 5 月设立以来，有力推动了我国海洋能开发利用水平的快速提升，取得了较为显著的成效，使我国海洋能开发利用水平和规模迈入世界第一方阵，充分发挥了中央财政资金在落实加快建设海洋强国、支持产业结构调整、培育战略性新兴产业等方面的引导作用。

截至 2020 年 12 月底，财政部通过"专项资金"和部门预算方式共支持海洋可再生能源示范项目 116 个，共安排资金约 12 亿元。2020 年共有 7 个项目通过了验收（表 1.1）。受新冠肺炎疫情影响，5 个在研的海洋能资金项目均有一定程度的执行情况滞后。

表 1.1　2020 年 1 月至 2020 年 12 月验收的专项资金项目统计

序号	项目名称	承担单位	立项时间	验收时间
1	潮流能工程样机设计定型	哈尔滨电机厂有限责任公司	2013 年	2020 年 1 月
2	海洋能综合支撑服务平台建设(2018)	国家海洋技术中心	2018 年	2020 年 1 月
3	百千瓦级海洋能装备技术优化及海岛应用示范	南京高精船用设备有限公司、浙江大学等	2017 年	2020 年 9 月
4	南海抗风浪波浪能深水养殖平台示范	友联船厂(蛇口)有限公司、中国科学院广州能源研究所等	2017 年	2020 年 9 月
5	海洋能水下海洋仪器供电系统示范应用	中船电子科技有限公司、东北师范大学等	2016 年	2020 年 12 月
6	海洋能海上试验场建设运行及维护	威海国家浅海综合试验场管理中心	2019 年	2020 年 12 月
7	舟山百兆瓦级潮流能发电场选址及预可研	上海勘测设计研究院有限公司、浙江海洋大学等	2019 年	2020 年 12 月

二、国家重点研发计划

为支持海洋能创新机理研究和关键技术创新,"十三五"国家重点研发计划可再生能源与氢能技术重点专项将海洋能作为六个支持方向之一给予了持续支持。同时,通过"政府间国际科技创新合作/港澳台科技创新合作"重点专项支持了海洋能国际合作项目,2020 年 1 月,支持开展了"波浪能、潮流能技术综合评估方法合作研究"项目。

"十三五"期间,科技部通过国家重点研发计划在海洋能方向共支持了 4 个项目,国拨经费超过 4 000 万元。

三、国家自然科学基金

为支持我国海洋能基础理论研究能力的提升,近年来,国家自然科学基金对海洋能领域相关科学问题研究给予了持续支持,夯实了我国海洋能技术发展的理论基础。

　　2020年，10个海洋能相关的基础研究类项目获得国家自然科学基金的立项支持，总经费为538万元。按照子领域划分，波浪能和潮流能项目占比超过60%（图1.1）。近年来，海洋能获批项目和总经费较为稳定（图1.2）。

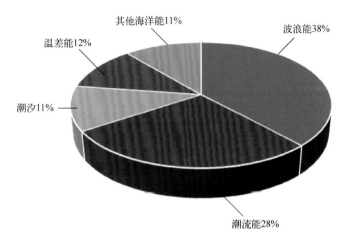

图1.1　2020年国家自然科学基金海洋能项目分类支持统计

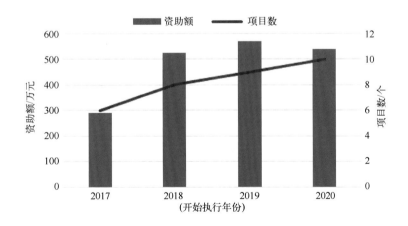

图1.2　国家自然科学基金海洋能项目年度资助经费及项目数量统计

第二章 我国海洋能技术进展

2020年，我国已建的潮汐能电站、潮流能示范工程和波浪能示范工程运行良好，潮流能和波浪能技术持续改进。

以CNKI数据库中2016—2020年海洋能文献数据为对象，分析我国海洋能研究热点（图2.1）。可以看出，2016—2020年，排名前十的关键词分别是波浪能、潮流能、水动力性能、数值模拟、发电装置、潮汐能、水轮机、振荡浮子、振荡水柱和计算流体动力学（CFD）。分析结果表明，波浪能和潮流能是我国海洋能研究的热点领域，潮流能技术及发电装置研发重点在水动力性能、水轮机、CFD等方面，

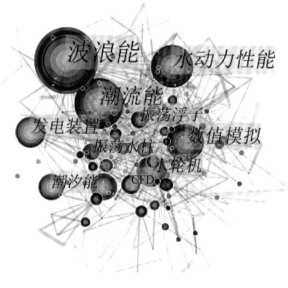

图2.1 2016—2020年我国海洋能领域研究热点

波浪能技术及发电装置研发重点在数值模拟、振荡浮子式、振荡水柱式等方面。

第一节　潮汐能技术进展

我国目前在运行的潮汐能电站包括江厦潮汐试验电站和海山潮汐电站，前期完成多个万千瓦级潮汐电站预可研。

一、江厦潮汐试验电站

江厦潮汐试验电站是我国第一座单库双向型潮汐电站（图 2.2），首台机组于 1980 年并网发电，经过多次改造升级后，目前电站装有 6 台机组，总装机容量为 4.1 MW。江厦潮汐试验电站的运行为

图 2.2　江厦潮汐试验电站

我国潮汐能规模化开发储备了成熟的水轮机型谱，并积累了丰富的运行经验。

截至 2020 年底，江厦潮汐试验电站累计并网发电量超过 2.35×10^8 kW·h，其中，2020 年发电量 675×10^4 kW·h，并网发电量约 640×10^4 kW·h，上网电价为 2.58 元/(kW·h)。

二、海山潮汐电站

海山潮汐电站是我国第一座双库单向型潮汐电站(图 2.3)，首台机组于 1975 年并网发电，经过两次扩建后，海山潮汐电站总装机容量为 250 kW(2×125 kW)。2019 年，电站启动第三次增容改造，将其中一台立式机组改造为卧式新型机组。现仅有一台机组在运行。

图 2.3　海山潮汐电站、上水库及发电机组(从左至右)

截至 2020 年底，海山潮汐电站累计并网发电量超过 $1\,220 \times 10^8$ kW·h，其中，2020 年并网发电量 12.5×10^4 kW·h，上网电价为 0.46 元/(kW·h)。

第二节 潮流能技术进展

近年来，我国潮流能技术总体水平提升较快，目前已有约 40 台机组完成海试，最大单机功率 650 kW，部分机组实现了长期示范运行，使我国成为世界上为数不多的掌握规模化潮流能开发利用技术的国家。

对 CNKI 数据库中 2016—2020 年潮流能文献的分析表明，我国潮流能研究热点主要集中在数值模拟、水动力性能、发电机组、水轮机、CFD、导流罩、发电装置等方面（图 2.4）。

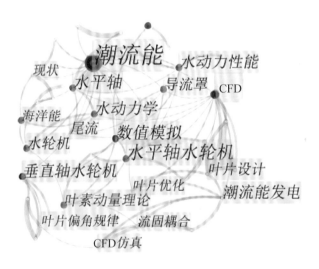

图 2.4　2016—2020 年我国潮流能研究热点

一、LHD 模块化潮流能发电技术

浙江舟山联合动能新能源开发有限公司采用在固定平台上安装模块化潮流能机组的方式，在舟山秀山岛海域建造了潮流能示范工程。2016 年 8 月，首期 1 MW 机组（包括 2 台 200 kW 和 2 台 300 kW 垂直轴式机组）实现并网发电，自 2017 年 5 月连续发电并网运行。2018 年

11 月，安装了 2 台 200 kW 垂直轴式机组。2018 年 12 月，安装了 1 台 300 kW 水平轴式机组。2019 年 6 月，浙江省发展改革委为该示范工程批复了临时上网电价，自机组并网之日起执行 2.58 元/（kW·h）（含税）的电价。

截至 2020 年底，LHD 模块化海洋潮流能发电平台总装机容量达 1.7 MW（图 2.5），累计发电量超过 193×10⁴ kW·h，其中，2020 年发电量超过 36×10⁴ kW·h。

图 2.5　LHD 模块化潮流能发电平台

二、浙江大学半直驱水平轴式潮流能发电技术

浙江大学研制的系列化半直驱水平轴式潮流能机组，采用漂浮式安装方式，2014 年起，在舟山摘箬山岛海域开展示范运行，并向摘箬山岛并网供电。目前，摘箬山岛海域已建成 4 个漂浮式平台（图 2.6），相继开展了 60~650 kW 的潮流能机组示范运行。

图 2.6　浙江大学潮流能试验平台

在 2017 年"专项资金"支持下，南京高精船用设备有限公司、浙江大学、哈尔滨电机厂有限责任公司、浙江中盛船舶设备有限公司联合体承担了"百千瓦级海洋能装备技术优化及海岛应用示范——600 kW 潮流发电机组工程示范与应用"项目，项目研制了 650 kW 半直驱水平轴式潮流能机组（图 2.7），采用漂浮式安装方式，2020 年初机组在经过新一轮优化设计和工艺改进后，再次成功下海发电。此次优化升级实现了叶轮结构和工艺的优化，在进一步减小轴向推力载荷的同时，强化了防腐防砂抗磨损性能，完成了传动系统的模块化改进。截至 2020 年底，650 kW 潮流能机组发电运行正常，最大发电功率达到了 637 kW，整机效率高于 35%。

同时，为进一步提升潮流能发电装备整机能效特性与运行可靠性，针对 650 kW 机组设计了一套基于电液控制技术的潮流能机组独立变桨距系统，于 2020 年完成厂内加工与测试，即将进行整机实海况试验。

图 2.7　650 kW 半直驱水平轴式潮流能机组海试

2020 年 9 月，"百千瓦级海洋能装备技术优化及海岛应用示范"项目通过了自然资源部组织的验收。

三、哈尔滨电机厂水平轴式潮流能发电技术

在 2013 年"专项资金"支持下，哈尔滨电机厂有限责任公司研制了 600 kW 水平轴式潮流能机组，并建造了长 45 m、宽近 20 m 的海洋能试验（双体船）结构平台，设计排水量超过 400 t，是目前国内最大的海洋能单体试验平台（图 2.8）。

2019 年 8 月，该机组在摘箬山岛海域开展了海试，截至 2020 年 1 月，累计运行超过 3 000 h，机组转换效率约 37%，累计发电量为 1.2×10^4 kW·h，运行过程中测得的实际最大发电功率为 327.6 kW，最低起动流速为 0.51 m/s。

2020 年 1 月，"潮流能工程样机设计定型"项目通过了自然资源部组织的验收。

图 2.8　600 kW 潮流能机组试验平台

四、中国三峡水平轴式潮流能发电技术

在 2015 年"专项资金"支持下，中国长江三峡集团公司牵头开展了"舟山潮流能示范工程建设"项目，在浙江舟山普陀山岛与葫芦岛之间的海域，建造一个潮流能示范机组泊位和三个测试泊位。

2020 年 4 月，海上升压平台和一台 450 kW 机组完成现场安装（图 2.9），该机组由中国船舶建造集团和英国 IT Power 等多家公司联合研制。

图 2.9　三峡集团 450 kW 机组

五、中船电子科技有限公司潮流能仪器供电技术

在 2016 年"专项资金"支持下,中船电子科技有限公司、东北师范大学、杭州江河水电科技有限公司、沈阳风电设备发展有限责任公司、长春工业大学联合承担了"海洋能水下海洋仪器供电系统示范应用"项目,针对我国海域资源特点研制小型化、模块化、高可靠的潮流能发电技术,起始发电流速不大于 0.3 m/s,额定发电流速不大于 1.0 m/s,装机功率不小于 30 W,在青岛海域示范运行超过 6 个月(图 2.10)。

图 2.10　水下仪器供电潮流能机组

2020 年 12 月,"海洋能水下海洋仪器供电系统示范应用"项目通过自然资源部组织的验收。

六、自变距水平轴式潮流能发电技术

东北师范大学研制的自变距水平轴式潮流能技术,采用漂浮式安装方式,先后制造了单向四叶片自变距潮流能机组及双向四叶片共轴自变距潮流能机组。

东北师范大学与杭州江河水电科技有限公司联合研制的水平轴单机 300 kW 无源自变距直驱机组采用非金属聚合物水润滑轴承，叶轮直径 16.5 m，额定流速 2.0m/s。于 2019 年 5 月开始海试(图 2.11)。

图 2.11　300 kW 自变距机组海试

机组海试在 2.019 m/s 流速下发电功率达到 309 kW，运行时间 900 h，累计发电量 6.8×10⁴ kW·h。目前该机组仍在改进中。

第三节　波浪能技术进展

针对我国波浪能资源功率密度较低的特点，我国主要研发了小功率波浪能发电装置，目前已有 40 多台装置完成海试，最大单机功率 500 kW，还探索了波浪能为养殖网箱、导航浮标供电等应用研究。

对 CNKI 数据库中 2016—2020 年波浪能文献的分析表明，我国波浪能研究热点主要集中在波浪能发电、浮子、水动力性能、数值模拟、直线发电机、波浪能转换装置、频域分析等方面(图 2.12)。

图 2.12　2016—2020 年我国波浪能研究热点

一、鹰式波浪能发电技术

中国科学院广州能源研究所研制的鹰式波浪能发电技术，采用漂浮式安装方式，2012 年起，在珠海万山岛海域先后布放了 10 kW、100 kW、200 kW、500 kW 等鹰式波浪能装置，首次实现了我国利用波浪能为海岛居民供电。

2020 年 6 月，由招商局工业集团建造的"舟山号"500 kW 装置交付中国科学院广州能源研究所，先后在广东万山岛海域(图 2.13)和海南永兴岛海域完成海试。2020 年 11 月，经历多个台风及持续大浪后，"舟山号"从西沙返回进行维护及升级改造。"长山号"500 kW 装置即将下水。

图 2.13 "舟山号"波浪能装置在万山岛海域海试

二、波浪能网箱养殖供电技术

在 2017 年"专项资金"支持下，友联船厂（蛇口）有限公司、中国科学院广州能源研究所、湛江力新海洋技术研究有限公司联合承担了"南海抗风浪波浪能深水养殖平台示范"项目，采用波浪能+太阳能清洁能源供能方式为网箱养殖设备提供电力支持，研建的"澎湖号"半潜式波浪能发电装置总装机 120 kW，其中波浪能装机 60 kW。

"澎湖号"自 2019 年 6 月起在广东珠海桂山岛海域示范运行（图 2.14）。整机设计寿命 20 年。波浪能捕获浮体响应有效波高 0.4 m，切出有效波高 4 m。目前已获得广东、海南等地多个商业设计订单，并完成了多个型号的半潜式波浪能养殖旅游平台的定型设计。

2020 年 9 月，"南海抗风浪波浪能深水养殖平台示范"项目通过了自然资源部组织的验收。截至 2020 年底，"澎湖号"已完成 18 个月的示范运行。

图 2.14 "澎湖号"波浪能养殖平台示范运行

三、航标用波浪能供电产品化技术

针对海洋观测仪器海上长期连续用电问题，中国科学院广州能源研究所成功开发了 10 W 至 1 kW 系列化航标灯用波浪能发电装置，正在研制 3 kW 和 10 kW 大型波浪能供电浮标。航标灯用波浪能发电装置已销售近千台，并出口日本、英国和菲律宾等国家。

新型海上观测及综合防护网用波浪能发电装置也已经完成多次实海况试验，实现无故障运行 2 年以上（图 2.15）。

图 2.15 "澎湖号"波浪能养殖平台

第三章　我国海洋能公共服务体系建设

海洋能开发利用技术从实验室走向产品化离不开包括水动力实验室、关键部件检测台、装备检测中心等在内的各种陆上检测设施以及适用于小比例和全比例样机现场测试的海上试验场等公共服务平台的支持，海洋能标准体系更是海洋能技术商业化的重要支撑。

第一节　海洋能室内测试设施

自然资源部国家海洋技术中心海洋环境动力实验室可以在室内模拟海洋风、浪、流等动力环境，为海洋可再生能源开发利用样机提供公共、开放、共享的试验测试平台(图 3.1)。

实验室包括多功能水池、风浪流生成水槽两个主要试验设施，拥有国内一流的试验环境。多功能水池长 130 m，宽 18 m，深 6 m，最大工作水深 5 m，配有造波系统、造流系统与运动平台，可产生最大波高为 0.6 m 的波浪，最大风速为 10m/s 的风；运动平台的最大运行速度为 4m/s，可模拟风与波浪等各种海洋环境，进行各类海洋仪器设备原理样机或大比例尺模型的试验与测试。多功能水槽长 75 m，宽 1.6 m，高 2 m，最大工作水深 1.2 m，配有造波系统、造流系统与造风系统，可产生最大波高为 0.6 m 的波浪，最大风速为 10 m/s 的风，

图 3.1 国家海洋技术中心海洋环境动力实验室

最大流速为 1.5 m/s 的循环水流，可产生风、波、流耦合试验环境，可进行各类海洋仪器设备中、小比例尺模型的试验与测试。

实验室具备非接触式六自由度测量仪、3D 打印机、粒子图像测速仪系统、高精度波高传感器、热线风速传感器、流速仪、拉压力传感器和扭矩转速传感器等设备，配有国际领先的水动力仿真软件 FLUENT、CFX 和 AQWA 等，可对发电设备周边水动力环境进行数值仿真分析。

实验室自正式运行以来，已完成数十项海洋能发电装置模型试验测试，2020 年完成两项试验测试，分别是浮式风机平台搭载波浪能装置模型和四鹰头波浪能浮标模型测试。

一、浮式风机平台搭载波浪能装置模型测试

2020 年 8—9 月，哈尔滨工程大学研制的浮式风力平台搭载波浪能

装置模型在多功能水池完成试验与测试。试验主要针对半潜平台、波浪能浮子、浮式风机以及半潜式平台搭载风机和波浪能浮子组整体情况开展。

对半潜式平台进行了压载标定和重点标定，开展了半潜式平台系泊线张力测试、自由衰减试验测试、不同系泊下的衰减特性测试、规则波下 RAO 试验以及不规则波极限工况试验，包括安装海况、一年一遇、十年一遇和百年一遇等几种工况。

波浪能浮子是本次试验的波浪能装置的主要能量俘获装置（图3.2），对波浪能浮子进行了压载和重心标定，开展了单波浪能浮子的自由衰减试验、空载运动性能试验、最优压载试验、周期压载配置验证试验，开展了双波浪能浮子的自由衰减试验、空载运动性能试验、最优压载试验和极限运动性能试验以及波浪能浮子组的空载运动性能试验、最优压载试验等。

图 3.2　波浪能浮子试验测试

针对浮式风机平台搭载波浪浮子组整体性能测试，调整了平台整体正浮态，标定整体的压载、重心和系泊线预张力，开展了整体组合不同系泊下的衰减试验、规则波 RAO 试验、不规则波极限工况试验和挂渔网试验。

二、四鹰头波浪能浮标模型测试

2020 年 8 月，中国科学院广州能源研究所研制的四鹰头波浪能浮标模型在多功能水池完成了试验与测试(图 3.3)。

试验主要针对两种不同形式的鹰头开展试验并获取其效率曲线，测量三种液压缸行程的效率，并对比四个鹰头吸波占比。同时，检测气室内振荡水柱功率，并检测锚泊的张力。试验中，共开展了 150 组规则波与 30 组不规则波工况测试。

图 3.3　波浪能浮标模型试验

第二节　海洋能海上试验场

截至 2020 年底，国家海洋综合试验场完成了北东南（山东省、浙江省、广东省和海南省）的空间布局，覆盖了我国沿海海域的典型海域，可满足海洋能发电装备及海洋仪器设备的海上试验需要。

一、国家海洋综合试验场（威海）

位于山东威海褚岛海域的国家海洋综合试验场（威海），可针对波浪能、潮流能发电装置小比例样机开展实海况试验、测试和评价。截至 2020 年底，已基本具备了潮流能比例样机以及海洋装备的现场测试服务能力。

在场区布设了锚泊式试验平台（"国海试 1"号）和浮标式试验平台（图 3.4），同时建设及投放了综合观测浮标、气象站和坐底观测平台，对气象水文环境进行了长期观测，为试验海域的背景场积累了大量的环境数据。为有效保障试验设施和试验设备的安全，在试验海域投放了多套警示浮标，并建设了雷达视频监控系统，覆盖了全试验海域，实现对场区的目标监控和视频取证。

自海上试验平台布放到位以来，受到新冠肺炎疫情的影响，2020年 5 月开始海上试验服务，截至 2020 年底，试验场共完成了约 30 项海上试验。

图 3.4 "国海试 1"号(左)及浮标式试验平台(右)

二、国家海洋综合试验场(舟山)

依托"舟山潮流能示范工程建设"项目,在位于浙江舟山葫芦岛与普陀山岛之间海域设计建设了 3 个潮流能测试泊位以及 1 座海上升压站平台,与示范工程项目共享环境监测与数据管理服务系统和岸基配套设施,可满足 300 kW 装机容量的潮流能发电装置海上测试试验。

截至 2020 年底,已完成海域确权、试验泊位位置选划、升压平台和岸站建设(图 3.5)、主海缆铺设和环境监测系统布放等工作,后续还将布设三条动态海缆通往试验泊位区域。

图 3.5 葫芦岛岸站基地(左)及海上桩基升压平台(右)

三、国家海洋综合试验场（珠海）

依托"南海兆瓦级波浪能示范工程建设"项目，在广东珠海万山岛海域设计建设了兆瓦级波浪能示范及测试场。

截至 2020 年底，已完成 173 hm² 海域用海审批、2 台 500 kW 波浪能发电装置建设，即将开始岸上机房建设，将实现 2 台 500 kW 波浪能发电装置并网示范运行，并完成岸上机房建设、海底电缆铺设、电力控制系统、公共测试系统等配套工程设施建设，向国内外各种波浪能发电样机提供相关装备测试服务。

第三节　海洋能现场测试与评价

一、海洋能发电装置现场测试与评价

我国已研建了海洋能发电装置现场测试与评价系统，具备了对海洋能发电装置功率特性指标和电能质量特性指标开展现场测试与评价的能力。国家海洋技术中心、北京鉴衡认证中心有限公司、中国船级社质量认证公司等单位与公司均开展了海洋能发电装置的现场测试与评价工作。

在自然资源部、科技部等相关部门的大力支持下，国家海洋技术中心持续开展海洋能发电装置现场测试与评价方面的相关研究工作。截至 2020 年底，国家海洋技术中心共完成了海洋能发电装置现场测试与评价相关项目共计 12 项，开展了 8 台潮流能发电装置和 3 台波浪发电装置现场测试与评价工作，出具了 11 份功率特性现场测试分析评价

ML>报告和9份电能质量特性现场测试分析评价报告(表3.1)。

表3.1 海洋能发电装置现场测试与评价汇总

类别	装置型号	测试时间	研发单位	测试海域	安装形式
潮流能	LHD300V-C1	2016年	浙江舟山联合动能新能源开发有限公司	浙江舟山秀山	桩柱式
	LHD200V-D1				
	LHD300V-C2	2017年	浙江舟山联合动能新能源开发有限公司		
	LHD200V-D2				
	LHD200V-G1	2019年	杭州林东新能源科技股份有限公司等		
	LHD200V-G2				
	LHD300H-F				
	锚定式双导管涡轮潮流发电系统	2018年	哈尔滨工业大学(威海)	山东威海	漂浮式
波浪能	万山号P1机组	2017年	中国科学院广州能源研究所	广东珠海万山	漂浮式
	万山号P2机组				
	澎湖号	2019年	中国科学院广州能源研究所等	广东珠海桂山	

二、海洋能发电装置现场测试与评价方法研究及标准化

在2011年"专项资金"支持下,国家海洋技术中心编制了《波浪能发电装置实海况测试规程(初稿)》《潮流能发电装置实海况测试规程(初稿)》《海上独立电力系统电能质量检测技术规范(初稿)》。近年来结合现场测与评价经验,编制了适用于我国海洋能发电装置发展现状的《潮流能发电装置功率特性现场测试方法》和《波浪能发电装备功率特性现场测试方法》。

在2016年国家重点研发计划"国家质量基础的共性技术研究与应用"重点专项的支持下,《潮流能发电装置功率特性现场测试方法》于2018年12月获得了国家标准化委员会的国家标准立项,2019年12月

完成了标准报批稿的编制及报批(图 3.6)。

图 3.6 《潮流能发电装置功率特性现场测试方法》标准审查会

在 2017 年海洋工程标准化项目的支持下,《波浪能发电装备功率特性现场测试方法》于 2019 年 10 月完成了团体标准送审稿的编制工作(图 3.7),并报送中国海洋工程咨询协会。

图 3.7 《波浪能发电装备功率特性现场测试方法》标准审查会

第四节　海洋能标准体系建设

一、我国海洋能标准体系现状

经过多年的发展，我国已初步建立海洋能标准体系，海洋能标准管理机构相对完善，海洋能标准范围逐步扩大，对海洋能技术的发展起到了较好的促进作用。

（一）海洋能标准体系

2015年，在海洋能专项资金项目的支持下，我国编制了 HY/T 181—2015《海洋能开发利用标准体系》。该标准体系共分为三个层次：第一层为海洋能开发利用的基础通用性标准；第二层为门类标准，包含海洋能资源调查与评估及选址勘测评价等3个子框架；第三层为组类标准，包含海洋能资源调查与评估、海洋能选址勘测评价等12个子框架(图3.8)。

（二）海洋能标准管理机构

我国管理海洋能标准的机构主要包括"全国海洋标准化技术委员会海域使用及海洋能开发利用分技术委员会"（SAC/TC283/SC1）和"全国海洋能转换设备标准化技术委员会"（SAC/TC546）。

（1）SAC/TC283/SC1：隶属于自然资源部，秘书处挂靠单位是国家海洋技术中心，负责海洋能开发利用相关标准的归口管理工作。

（2）SAC/TC546：隶属于国家能源局，秘书处挂靠单位是哈尔滨大电机研究所，负责海洋能转换设备（包括波浪能、潮流能和其他水流能转换电能，不包括有坝潮汐发电）领域国家/行业标准制修订工作，同时也承担着"国际电工委员会/海洋能——波浪能、潮流能和其他水流能转换设备技术委员会"（IEC/TC114）国际标准的制定和引进工作。

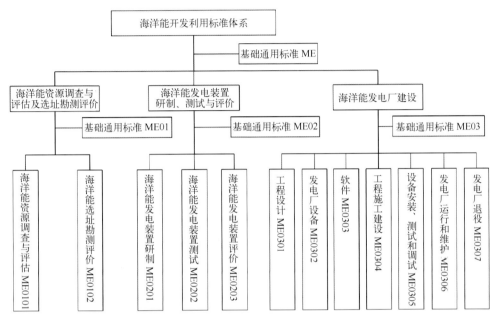

图 3.8　海洋能开发利用标准体系

（三）已发布的海洋能标准

截至 2020 年底，SAC/TC283/SC1 和 SAC/TC546 共发布海洋能标准 22 项（包含引进国际标准 1 项），涵盖了基础通用术语、资源调查评估领域（表 3.2）。在研标准涵盖海洋能发电装置设计、研制、测试、评价等领域。

表 3.2　我国已发布的海洋能国家标准及行业标准

序号	标准号	标准名称	实施日期
国家标准			
1	GB/T 33441—2016	海洋能调查质量控制要求	2017 年 7 月
2	GB/T 33442—2016	海洋能调查仪器设备通用技术条件	2017 年 7 月

序号	标准号	标准名称	实施日期
3	GB/T 33543.1—2017	海洋能术语 第1部分：通用	2017 年 10 月
4	GB/T 33543.2—2017	海洋能术语 第2部分：调查和评价	2017 年 10 月
5	GB/T 33543.3—2017	海洋能术语 第3部分：电站	2017 年 10 月
6	GB/T 34910.1—2017	海洋可再生能源资源调查与评估指南 第1部分：总则	2018 年 2 月
7	GB/T 34910.2—2017	海洋可再生能源资源调查与评估指南 第2部分：潮汐能	2018 年 2 月
8	GB/T 34910.4—2017	海洋可再生能源资源调查与评估指南 第4部分：海流能	2018 年 2 月
9	GB/T 34910.3—2017	海洋可再生能源资源调查与评估指南 第3部分：波浪能	2018 年 4 月
10	GB/T 35724—2017	海洋能电站技术经济评价导则	2018 年 7 月
11	GB/T 35050—2018	海洋能开发与利用综合评价规程	2018 年 12 月
12	GB/T 36999—2018	海洋波浪能电站环境条件要求	2019 年 7 月
13	GB/T 37551—2019	海洋能 波浪能、潮流能和其他水流能转换装置术语	2020 年 1 月
海洋行业标准			
14	HY/T 045—1999	海洋能源术语	1999 年 7 月
15	HY/T 155—2013	海流和潮流能量分布图绘制方法	2013 年 5 月
16	HY/T 156—2013	海浪能量分布图绘制方法	2013 年 5 月
17	HY/T 181—2015	海洋能开发利用标准体系	2015 年 10 月
18	HY/T 182—2015	海洋能计算和统计编报方法	2015 年 10 月
19	HY/T 183—2015	海洋温差能调查技术规程	2015 年 10 月
20	HY/T 184—2015	海洋盐差能调查技术规程	2015 年 10 月
21	HY/T 185—2015	海洋温差能量分布图绘制方法	2015 年 10 月
22	HY/T 186—2015	海洋盐差能量分布图绘制方法	2015 年 10 月

二、国际海洋能标准体系现状

国际海洋能标准是指国际标准化组织（ISO）、国际电工委员会（IEC）等制定的海洋能相关标准以及国际标准化组织确认并公布的其他国际组织制定的标准。

（一）国际电工委员会（IEC）

国际电工委员会（IEC）是制定和发布国际电工电子标准的非政府性国际机构，1906 年成立于英国伦敦。2007 年国际电工委员会/海洋能——波浪能、潮流能和其他水流能转换设备技术委员会（IEC/TC114）成立，IEC/TC114 现有成员国 29 个，包括 18 个参加成员国和 11 个观察成员国，中国是 18 个参加成员国之一。

截至 2020 年底，IEC/TC114 共发布了海洋能相关技术标准 16 项（表 3.3）。

表 3.3　IEC/TC114 已发布的标准

序号	标准编号	标准名称	出版日期
1	IEC TS 62600-1: 2020	Marine energy – Wave, tidal and other water current converters – Part 1: Vocabulary 海洋能——波浪能、潮流能和其他水流能转换设备 第 1 部分：术语	2020 年 6 月
2	IEC TS 62600-2: 2019	Marine energy – Wave, tidal and other water current converters – Part 2: Design requirements for marine energy systems 海洋能——波浪能、潮流能和其他水流能转换设备 第 2 部分：海洋能系统设计要求	2019 年 10 月
3	IEC TS 62600-3: 2020	Marine energy – Wave, tidal and other water current converters – Part 3: Measurement of mechanical loads 海洋能——波浪能、潮流能和其他水流能转换设备 第 3 部分：机械载荷测量	2020 年 5 月
4	IEC TS 62600-4: 2020	Marine energy – Wave, tidal and other water current converters – Part 4: Specification for establishing qualification of new technology 海洋能——波浪能、潮流能和其他水流能转换设备 第 4 部分：新技术鉴定规范	2020 年 9 月

序号	标准编号	标准名称	出版日期
5	IEC TS 62600-10: 2015	Marine energy – Wave, tidal and other water current converters–Part 10: Assessment of mooring system for marine energy converters (MECs) 海洋能——波浪能、潮流能和其他水流能转换设备 第10部分：海洋能转换装置锚泊系统评估	2015 年 3 月
6	IEC TS 62600-20: 2019	Marine energy – Wave, tidal and other water current converters–Part 20: Design and analysis of an Ocean Thermal Energy Conversion (OTEC) plant – General guidance 海洋能——波浪能、潮流能和其他水流能转换设备 第20部分：海洋温差能电站设计和分析通用指南	2019 年 6 月
7	IEC TS 62600-30: 2018	Marine energy – Wave, tidal and other water current converters–Part 30: Electrical power quality requirements 海洋能——波浪能、潮流能和其他水流能转换设备 第30部分：电能质量要求	2018 年 8 月
8	IEC TS 62600-40: 2019	Marine energy – Wave, tidal and other water current converters–Part 40: Acoustic characterization of marine energy converters 海洋能——波浪能、潮流能和其他水流能转换设备 第40部分：海洋能转换设备声学特性	2019 年 6 月
9	IEC TS 62600-100: 2012	Marine energy – Wave, tidal and other water current converters–Part 100: Electricity producing wave energy converters – Power performance assessment 海洋能——波浪能、潮流能和其他水流能转换设备 第100部分：波浪能转换设备发电性能评估	2012 年 8 月
10	IEC TS 62600-101: 2015	Marine energy – Wave, tidal and other water current converters–Part 101: Wave energy resource assessment and characterization 海洋能——波浪能、潮流能和其他水流能转换设备 第101部分：波浪能资源评估及特性	2015 年 6 月

序号	标准编号	标准名称	出版日期
11	IEC TS 62600−102: 2016	Marine energy − Wave, tidal and other watercurrent converters−Part 102: Wave energy converter power performance assessment at a second location using measured assessment data 海洋能——波浪能、潮流能和其他水流能转换设备 第102部分：利用实测评估数据对波浪能转换设备布放在其他位置的发电性能进行评估	2016年8月
12	IEC TS 62600−103: 2018	Marine energy − Wave, tidal and other water current converters − Part 103: Guidelines for the early stage development of wave energy converters − Best practices and recommended procedures for the testing of pre-prototype devices 海洋能——波浪能、潮流能和其他水流能转换设备 第103部分：波浪能转换设备初期研发准则 实验室样机测试最佳实践及推荐程序	2018年7月
13	IEC TS 62600−200: 2013	Marine energy − Wave, tidal and other water current converters−Part 200: Electricity producing tidal energy converters − Power performance assessment 海洋能——波浪能、潮流能和其他水流能转换设备 第200部分：潮流能转换设备发电性能评估	2013年5月
14	IEC TS 62600−201: 2015	Marine energy − Wave, tidal and other water current converters−Part 201: Tidal energy resource assessment and characterization 海洋能——波浪能、潮流能和其他水流能转换设备 第201部分：潮流能资源评估及特性	2015年4月
15	IEC TS 62600−300: 2019	Marine energy − Wave, tidal and other water current converters − Part 300: Electricityproducing river energy converters − Power performance assessment 海洋能——波浪能、潮流能和其他水流能转换设备 第300部分：河流能转换设备电力性能评估	2019年9月
16	IEC TS 62600−301: 2019	Marine energy − Wave, tidal and other water current converters − Part 301: River energy resource assessment 海洋能——波浪能、潮流能和其他水流能转换设备 第301部分：河流能资源评估	2019年9月

（二）国际标准化组织（ISO）

国际标准化组织（ISO）是标准化领域中的一个国际性非政府组织，有关海洋标准的 ISO 机构为国际标准化组织船舶与海洋技术委员会海洋技术分委会（ISO/TC8/SC13），该分委会的国内挂靠单位为自然资源部第二海洋研究所。目前已成立 4 个工作组，分别是潜水器、海洋水文气象观测、海水淡化、海洋环境影响评估。自 2014 年成立以来，海洋技术分委会已发布由我国主导的潜水器及海洋观测虚拟仪器 ISO 国际标准 3 项。1 项海底地震仪调查方法领域的提案通过立项投票，在 ISO 注册；另有 4 项提案开启立项投票，内容涉及海洋环境保护领域。截至 2020 年底，ISO/TC8/SC13 发布的标准未涉及海洋能。

第四章　国际海洋能动态

国际上，为积极应对气候变化，发展低碳经济已成为国际社会的普遍共识。为开发利用储量巨大的海洋能资源，以英美等国为代表的开展海洋能利用的主要国家将海洋能视为战略性资源，持续加强投入，不断创新政策支持，推动海洋能技术的产业化。在国际社会的共同推动下，国际海洋能产业化进程逐步加快。

第一节　国际海洋能政策动态

2020年，联合国、国际能源署海洋能系统（IEA OES）、国际可再生能源署（IRENA）、21世纪的可再生能源政策网络（REN21）等国际组织以及欧盟、美国、英国等区域和国家发布了多个海洋能政策。

一、国际海洋能组织海洋能政策动态

联合国、IEA OES、IRENA、REN21等国际组织发布了多个涉及海洋能的计划及重要报告。

（一）联合国海洋能相关政策动态

2020年10月，联合国发布了《联合国海洋科学促进可持续发展十

年(2021—2030 年)实施计划概要》(以下简称"概要")。《概要》重点介绍了拟实现的目标及所需的科学研究内容，提及"促进开发对海洋环境影响较低的海洋能，实现可持续的海洋经济"目标。

《概要》希望通过持续努力，在 2030 年实现"我们所希望的海洋"全新图景(图 4.1)，即"一个清洁的海洋，一个健康且有复原力的海洋，一个物产丰盈的海洋，一个可预测的海洋，一个安全的海洋，

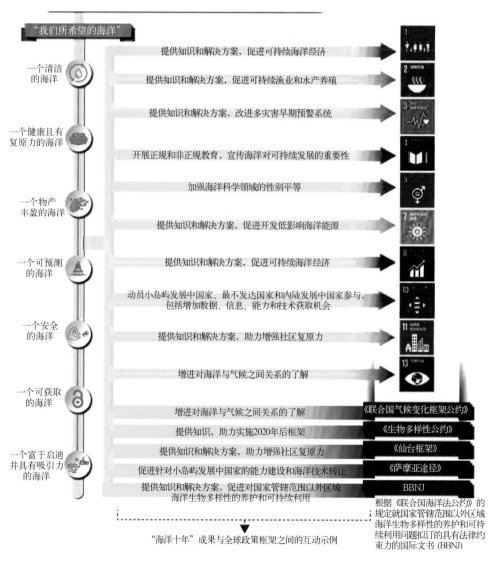

图 4.1 2030 年全球海洋图景展望

一个可获取的海洋，一个富于启迪并具有吸引力的海洋"。为实现"一个物产丰盈的海洋"，《概要》提出了"促进开发低环境影响的海洋能源"的重要目标。

为实现这些目标，《概要》建议采取的行动包括以下方面。

确定可持续发展所需的知识，提高海洋科学提供所需海洋数据和信息的能力：为定期综合评估海洋状况和海洋科学能力提供知识；促进开发新技术，增加技术获取机会；加强和扩大观测基础设施等。

开展能力建设，形成对海洋的全面认知和了解，包括海洋与人类的相互作用、海洋与大气层及冰冻圈的相互作用以及陆地与海洋的交互关系；查勘并了解海洋组成部分；了解海洋系统的阈值和临界点；加强历史海洋知识利用；改进海洋模型和预测服务；加大海洋技术教育、培训和转让工作力度。

加强对海洋知识的利用以及对海洋的了解，开发有助于形成可持续发展解决方案的能力：增进对海洋科学在可持续发展中所起作用的认识；开发可互操作和开放获取的数据平台和服务；促进共同设计和共同交付海洋解决方案，包括规划、管理以及其他工具和服务等。

（二）IEA OES 海洋能相关政策动态

2020 年 7 月，IEA OES 发布了《2020 年全球海洋能开发环境影响科学报告》（以下简称《科学报告》）（图 4.2）。

《科学报告》由 OES 第四工作组编写，来自全球的 60 多位专家提供了相关数据。《科学报告》主要介绍了海洋能发电装置与海洋环境、海洋动物之间的相互作用及声学、电磁学等方面的影响及监测方案，并针对如何降低海洋能开发利用的相关环境影响提出了管理上的措施建议。

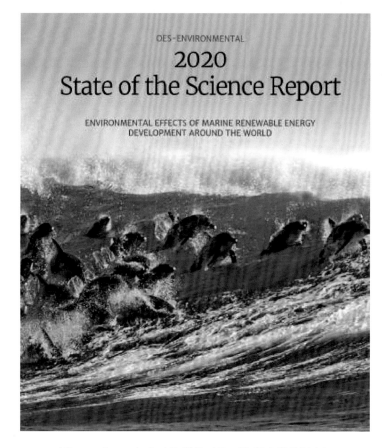

图 4.2 《2020 年全球海洋能开发环境影响科学报告》

（三）IRENA 海洋能相关政策动态

2020 年 12 月，IRENA 发布了《海上可再生能源助力蓝色经济发展》报告（以下简称《报告》）（图 4.3），提出了海上可再生能源（海上风能、海上太阳能、海洋能）促进蓝色经济增长前景及发展建议。《报告》指出，全球海洋能（温差能、波浪能、盐差能、潮流/潮汐能）技术的发电潜力理论上高达 $45×10^{12} \sim 130×10^{12}$ kW·h/a，可以满足当前全球电力需求的至少两倍以上。

全球海洋能仍处于初级阶段，全球海洋能电站总装机容量仅有

53×10⁴ kW。在建和拟建的潮流能和波浪能项目可能在未来 5 年内再增加 $3×10^6$ kW 装机容量，其中大部分在欧洲（55%）、亚太地区（28%）以及中东和非洲（13%）。在适当的激励措施和监管框架到位的情况下，IRENA 预计到 2030 年全球海洋能装机容量有望增长 20 倍，达到 $1×10^7$ kW。

图 4.3 《海上可再生能源助力蓝色经济发展》报告

海上可再生能源发电成本下降较快。潮流能和波浪能已经为电力成本高的偏远岛屿地区提供了一种可行的替代能源。随着规模经济进一步降低成本，这些技术将与成熟的可再生能源一起成为当地负担得起的用电选择。目前需要持续加强研发、给予电价政策支持和海洋空间规划方面的区域合作，才能将海洋能技术加快推向商业阶段。

《报告》认为，为充分发挥海洋能在促进蓝色经济增长中的作用，需要采取如下措施。

提高技术可靠性。降低项目风险，吸引投资方对海洋能技术研发及示范的资金投入，推动商业化（可以将小岛屿发展中国家作为海洋能在完全市场化之前的海洋能发电装置测试中心）。

将蓝色经济与海洋能充分结合起来。海水淡化、制冷、航运和海上旅游等去碳化行业以及水产养殖、绿色制氢、海洋观测供电等新兴行业，都可成为海洋能的重要潜在市场。

加强对海洋能的政策激励。各国应制定海上可再生能源中长期发展路线图，明确相关激励政策。例如为 10 万千瓦级海洋能项目提供上网电价政策支持或者倾斜性招标政策。

开发新型可再生能源综合利用系统。海洋能发电技术可以提供稳定的基荷电力，非常适合与其他（包括海上和陆上）可再生能源的综合利用发展，尤其是在土地资源紧缺的岛屿及沿海地区。例如，在同一个浮式平台上集成应用波浪能和海上风能，对于降低海洋能技术的均化发电成本至关重要。

做好海洋空间规划及环境影响评估。充分考虑并制定全面的海洋空间规划，为海洋能技术研发和商业化发展预留充足的海域使用空间，促进海洋能技术的推广。海洋空间规划应当与社会、经济和环境影响评估同时进行。

（四）REN21 海洋能相关政策动态

2020 年 6 月，21 世纪可再生能源政策网络（REN21）发布了《2020年全球可再生能源现状报告》（以下简称《现状报告》）（图 4.4）。

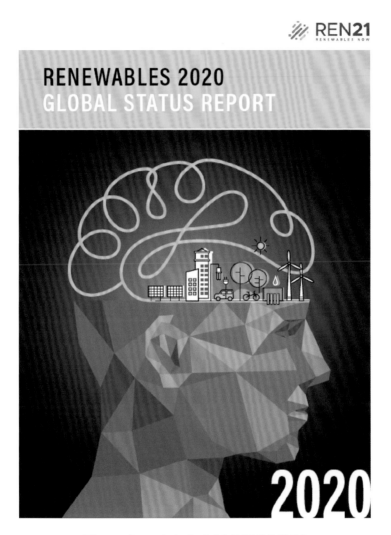

图 4.4 《2020 年全球可再生能源现状报告》

《现状报告》指出，只有可再生能源发电还远远不够，整个能源体系仍然需要进一步进行深刻的变革。《现状报告》对 2019 年全球可再生能源市场、投资和政策进行了全面总结，并对海洋能的市场及产业发展现状进行了概述。

截至 2019 年底，全球海洋能发电量大幅增长，超过 45×10^6 kW·h，其中潮汐能发电占 90% 以上。潮流能和波浪能发电技术仍然是发展的重点，主要集中在欧洲，特别是英国。同时，加拿大、美国和中国的电价激励措施及资金计划有效促进了海洋能产业的发展。全球海洋能行业已经从小规模示范项目过渡到了半永久式安装和阵列化开发阶段。水平轴式潮流能装置技术趋于成熟。2019 年，仅欧洲的潮流能发电量就达 15×10^6 kW·h，相比 2018 年增长 50%。波浪能目前有两种应用途径——大于 100 kW 的发电装置主要用于并网发电，而小于 50 kW 的小型装置则主要用于油气、水产养殖、海洋监测等领域。

在海洋能产业方面，2019 年逐步推进产业化。潮流能得益于大量公共资金的投入和相关政策措施的制定，发展较快。加拿大新斯科舍省政府为潮流能示范项目提供了 385~530 加元/（MW·h）（约合人民币 2.0~2.8 元/（kW·h））的上网电价，截至 2019 年底，5 家企业获批 22 MW 装机容量。其中，2019 年，Jupiter Hydro 公司获批 2 MW，Nova Innovation 公司获批 1.5 MW。

由加拿大芬迪湾海洋能源研究中心（FORCE）牵头开展的 Uisce Tapa 潮流能项目，总投资 1.17 亿加元（约合 6.14 亿元人民币），将布放由 6 台挪威 Andritz Hammerfest 机组组成的 9 MW 潮流能阵列。该项目于 2019 年获得加拿大政府 2 980 万加元（约合 1.56 亿元人民币）的财政支持。

英国于 2019 年获得欧盟 Interreg 计划为潮流能产业加速器（TIGER）项目提供的 2 800 万欧元（约合 2.3 亿元人民币），占项目总投资的 70%。项目由英国海上可再生能源孵化器（OREC）牵头，将在英吉利海峡布放 8 MW 潮流能阵列。努力实现到 2025 年将潮流能成本从目前的 0.30 欧元(约合 1.6 元人民币)/(kW·h)降至 0.15 欧元(约合 0.8 元人民币)/(kW·h)。

2019 年，随着一系列发电装置在欧洲和中国开始海试，大量新的公共资金的投入以及技术的不断更新，波浪能发电稳步推进。苏格兰波浪能计划(WES)向 11 个波浪项目投入资金 900 万英镑(约合 8 185 万元人民币)。美国继续为海洋能提供资金，重点是波浪能及相关技术。2019 年，美国能源部水能技术办公室(WPTO)投入 2 500 万美元用于下一代海洋能设备研究项目。

截至 2018 年底，全球海洋能发电项目总投入超过 60 亿欧元(约合 490 亿元人民币)，其中 75% 来自私人融资。海洋能实现市场竞争力，仍需要持续的技术改进和发电成本的大幅下降，需要持续推进最终实现商业化。

二、欧盟海洋能政策动态

(一)欧盟《海上可再生能源战略》

2020 年 12 月，欧盟委员会发布了《海上可再生能源战略》(以下简称《战略》)，旨在大幅度提升海上可再生能源在总体能源消费中的占比。预计到 2030 年欧盟整体海上风电装机容量将达到 $6×10^7$ kW，海洋能装机容量将达 $1×10^6$ kW；到 2050 年分别达到 $3×10^8$ kW 和 $4×10^7$ kW。这意味着，到 2050 年，海上可再生能源的发电能力将增加近 30 倍。要实现这些目标，需要约 8 000 亿欧元资金投入。

《战略》指出，欧洲是全球海上可再生能源技术和产业的领军者，主要得益于海上风电产业。欧盟 27 国海上风电市场占全球市场的 42%

（$12×10^6$ kW），其次是英国（$97×10^5$ kW）和中国（$68×10^5$ kW）。全球海上风电的均化发电成本（LCOE）在 10 年内下降了 44%，2019 年达到 $0.045\sim0.079$ 欧元/（kW·h）。但是海洋能（主要是波浪能和潮流能）技术想要在能源结构中充分发挥潜力，就必须大幅减低成本，快速扩大规模。自 2015 年以来，海洋能发电成本总体上降低了近 40%，速度快于预期。到 2025 年，将有 $1×10^5$ kW 海洋能示范电站项目落水。

针对如何扩大欧洲海上可再生能源项目份额，《战略》提出了以下需要解决的几方面内容。

资金筹措。为保证海上可再生能源产业快速发展，预计耗资 8 000 亿欧元，将来自多个渠道，包括地平线欧洲（Horizon Europe）、欧洲海事与渔业基金（EMFF）、欧洲区域发展基金（ERDF）、NER300、投资欧盟（InvestEU）计划以及欧盟应对新冠肺炎疫情复苏基金等，各国公共资金将承担部分投资，即将修订的"欧盟国家能源项目援助指南"也将为海上项目融资提供帮助。

开展海洋空间规划，加强相关领域跨境投资合作。目前，欧洲海上风电跨境场址开发的立法仍处于起步阶段，涉及复杂的跨国谈判和法律问题。欧盟将批准建立海上电力招标区，以确保海上可再生能源完全融入欧盟电力市场，将规模较小的国家项目与完全网格化的海上能源系统和电网有效连接起来。

解决产业链价值链问题。最新公布的风电行业数据显示，2019 年欧洲新增海上风电发电量达到创纪录的 $36×10^5$ kW·h，同时也将创造 6.2 万个就业机会，海洋能创造 2 500 个就业岗位。《战略》提出要完善海上风电的整个价值链，包括促进部分制造和陆上港口基础设施建设。其中，港口配套建设是重中之重，需要加固码头、深水泊位以及为超过 100 m 的叶片提供仓储空间。据测算，升级港口设施和船舶所需总投资为 5 亿~10 亿欧元。

(二)OEE 发布 2030 年海洋能发展愿景

2020 年 10 月，欧洲海洋能联盟(OEE)发布了《2030 年海洋能愿景——未来部署、成本和供应链的行业分析》的报告(以下简称《行业报告》)，对未来 10 年欧洲潮流能和波浪能技术的发展做了预测：乐观预测到 2030 年，欧洲海洋能装机容量将达 2.6×10^6 kW，潮流能的成本将降至 90 欧元/(MW·h)，波浪能的成本将降至 110 欧元/(MW·h)。

《行业报告》分别预测了在高增长和低增长情景下海洋能的发展趋势以及随着海洋能开发利用规模的增长，发电成本的下降趋势和供应链的发展。

《行业报告》指出，未来 10 年，全球 90% 以上的海洋能将部署在欧洲，这反映了欧洲在海洋能领域的全球领先地位。

《行业报告》指出，海洋能将为欧洲带来新的就业、出口和行业机会，并助力 2050 年实现全面碳中和。欧洲各国政府之间需要建立"海洋能产业联盟"以加强合作，尤其是在税收支持和开发用海审批方面。健全保险和担保资金，以减少融资成本并吸引商业保险进入市场。OEE 表示，将这些政策有机结合起来，能够刺激投资，推动大规模项目的建设，并进一步降低成本。

(三)欧盟蓝色经济年度报告

2020 年 6 月，欧盟发布了《2020 年度蓝色经济报告》(以下简称《蓝色经济报告》)。

《蓝色经济报告》指出，海洋能作为蓝色经济中的重要新兴产业，发展趋势向好。2019 年，欧洲的海上浮式风电总装机容量达 45 MW，约占全球的 70%。预计 2020—2022 年期间还将增加 300 MW。

截至 2019 年底，全球潮流能和波浪能总装机容量为 55.8 MW，其中大部分位于欧盟海域（38.9 MW）。欧盟拥有的潮流能和波浪能技术开发企业分别占全球的 58% 和 61%。

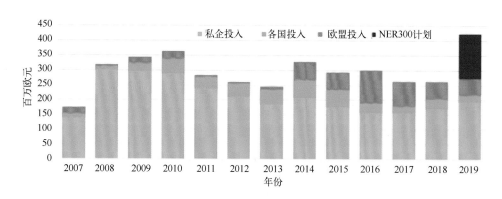

图 4.5　欧洲海洋能研发资金投入情况

2007—2019 年，欧洲波浪能和潮流能研发资金累计达 38.4 亿欧元，大部分来自私企（27.4 亿欧元），各国研发资金计划为波浪能和潮流能项目提供了 4.63 亿欧元，欧盟资金（ERDF 和 Interreg 计划）投入达 4.93 亿欧元，2019 年通过 NER300 计划投入了 1.48 亿欧元。截至 2019 年底，公共资金（欧盟和国家）与私人资金的投入比例为 1∶2.9。

截至 2019 年底，欧洲海洋能产业上下游供应链（不含研发）有 430 多家企业，为欧洲海洋能产业创造了 2 250 个就业岗位。

海洋能技术研发领域共涉及 26 个欧盟成员国的 838 家企业。欧盟获得专利的发明中，51% 是波浪能，43% 是潮流能。欧盟在国际专利申请领域处于领先地位。专利数据表明，欧洲是海洋能技术创新出口国，并且在全球海洋能市场占据有利位置。

（四）OEE 发布《2019 年度海洋能发展趋势与统计》报告

2020 年 3 月，OEE 发布了《2019 年度海洋能发展趋势与统计》报告（以下简称《统计报告》）。《统计报告》显示，2010—2019 年，欧洲潮流能累计总装机容量达到 27.7 MW，波浪能累计总装机容量达到 11.8 MW。目前仍在海上运行的波浪能和潮流能装置的总装机容量分别为 10.4 MW 和 1.5 MW。

2019 年，欧洲潮流能新增装机容量 1.52 MW，主要是在英国和法国海域。欧洲波浪能新增装机容量 0.6 MW，分布在葡萄牙、法国、比利时、意大利、英国等国。随着项目成功完成海上测试及示范计划，多数海洋能发电装置已退役。2019 年欧洲潮流能发电量大幅提升，以 Meygen 和 EnFAIT 项目为主，潮流能年发电量约 15×10^6 kW·h，与 2018 年相比增加了 50%（图 4.6），主要是受益于潮流能发电场的年度等效利用小时数的增加。除了发电以外，开发商还在恶劣海洋环境中积累了长时间运行的宝贵经验。潮流能项目的运营时间不再以周和月为单位来计算，而是以年为单位。随着技术的成熟，潮流能技术的发电成本进一步下降。

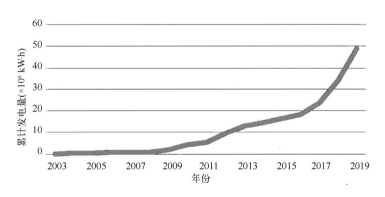

图 4.6　欧洲潮流能累计发电量年度统计

2019 年，欧洲安装的波浪能装置总装机容量为 603 kW，比上一年新增装机容量增长了 25% 以上。大多数已布放的装置是并网的。测试条件和研发资金仍然是影响波浪能发电装置安装频率和位置选择的主要因素。2019 年欧洲海域布放的全部 6 台波浪能发电装置均为单机装置(图 4.7)。GEPS Techno 公司和 AW Energy 公司各安装了其首台全比例发电装置，这是向波浪能发电场迈进的关键一步，海洋电力技术公司(OPT)的发电装置也是全比例装置，但其装机容量较低，适合为海上监测设备等供电。NEMOS 公司、AMOG 公司和 Waves4Energy 公司布放的发电装置均为 1/2 比例或以下，反映出目前波浪能发电装置仍处于多种设计原理共同发展的阶段，不同的设计概念既反映了装置针对的不同应用场合，又反映了所利用的波浪能资源类型。一些设备制造商已经开发了将波浪能与其他可再生能源或综合储能相结合的混合设计概念。

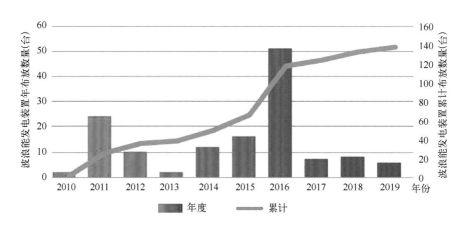

图 4.7　欧洲波浪能发电装置布放数量统计

目前，欧洲海洋能产业已开始向规模化利用发展。根据《统计报告》，欧洲海洋能产业上下游供应链约有 430 家企业(相比 2018 年增加了 110 多家)，为欧洲海洋能产业创造了 2 250 个就业岗位(图 4.8)。

其中，英国海洋能产业链创造的就业岗位最多，将近 700 人（相比 2018 年增加了 1 倍多），爱尔兰、荷兰、意大利等国的海洋能产业链创造的就业岗位也均超过了 200 人。

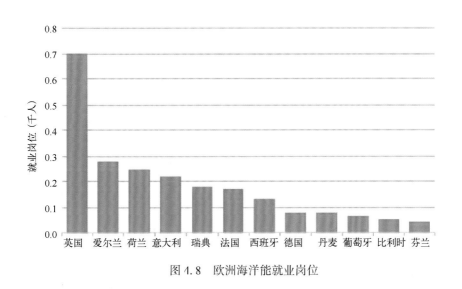

图 4.8　欧洲海洋能就业岗位

三、英国海洋能政策动态

（一）英国差价合约固定电价政策调整

2020 年 11 月，英国商业、能源和产业战略部（BEIS）宣布，将于 2021 年下半年开启可再生能源差价合约固定电价（CfD）的第四轮竞标。此轮 CfD 竞标政策最主要的变化是"欠成熟技术类别"中将不再包括海上风电，而是单独设立"海上风电技术类别"。届时，CfD 竞标将分三个技术组别开展，分别是"成熟/已验证技术类别"（包括陆上风电和光伏），"欠成熟/待验证技术类别"（包括海洋能技术、海上浮式风电和先进转换技术），"海上风电技术类别"。CfD 竞标这一政策调整使得海洋能技术成为所在组别的强力竞争者，英国海洋能迎来新的发展机遇。

差价合约固定电价（CfD）制度是英国自 2015 年开始实施的可再生

能源政策，取代 2002 年开始实施的可再生能源义务证书制度（RO 制，一种配额制）。RO 制度明确了电力供应商总电量中可再生能源电量的强制性比例，这一政策极大激励了英国可再生能源的发展，使得英国可再生能源总装机容量在数年内提高了数倍。RO 制度设立初期，对所有可再生能源均给予单位发电量 1 个可再生能源义务证（ROC）证书的支持，这种无差别对待的方式不能有效地引导不同成本发电技术的发展。2009 年开始，RO 制引入分级制度，根据可再生能源发电技术以及投产时间，单位发电量获得的证书数量开始出现不同，成本较高的新发电技术所获得的证书更多，从而有效地提升了社会资本对这类发电项目的兴趣，更大地促进了这类技术的发展和进步。值得注意的是，RO 制度为海洋能发电设置了最高的 ROC（单位发电量 5 个 ROC，远远高于海上风电单位发电量的 1.8 个 ROC），这极大激励了发电企业投资海洋能发电。英国 MeyGen 潮流能发电项目一期 A 阶段（装机 6 MW）就是得到了 RO 分级政策的大力支持，自 2016 年并网发电以来，销售电价约为 0.26 英镑/（kW·h）。

RO 制度由于缺乏市场竞争机制，造成一些可再生能源发电项目的成本居高不下。此外，ROC 证书的价格波动，也给可再生能源发电企业的融资带来较高成本。在此背景下，2015 年英国开始实施 CfD 制度，目的是给予可再生能源技术最有效的长期支持。在 CfD 政策下，政府根据发电项目的均化成本动态调整每一轮竞标执行价，发电企业通过电力市场出售电力，然后从政府获得执行价与电力售价之间的价差，但是当电力市场价格高于执行价时，发电企业需要返还电力售价与执行价之间的价差，避免发电企业获得过高的收益。通过这种方式，向发电商和投资商提供了稳定、清晰、预测性强的长期补贴，又保留了市场性交易机制和对发电商的激励作用。与传统强制上网电价相比，又降低了政府补贴总额，节省了政府开支。CfD制度规定，在2030年前，每两年举行一轮CfD竞标，每一轮竞标办法都会根据可再生能源技术发展情况和上一轮竞标的经验总结进行一定的调整和修正。2015年、2017年、2019年，英国分别进行了三轮CfD竞标。尽管每次海洋能发电执行价的指导价都是最高[为0.2~0.3英镑/（kW·h）]，但由于需要在同一个组别和海上风电[最终中标价为0.04~0.07英镑/（kW·h）]来竞争同一资金补助，二者发电成本相差过大，导致三轮竞标都未有海洋能发电项目中标。可以说，尽管前三轮CfD竞标进一步促进了英国可再生能源投资和发展，但是海洋能等新兴可再生能源技术未能受益。MeyGen潮流能发电项目的后续项目曾参与过CfD竞标，都因为和海上风电在同一组别竞标而失败，这也是近几年英国潮流能发电项目进展缓慢的重要因素。

第四轮CfD竞标将支持最多12×10^6 kW可再生能源发电项目，支持力度约为第三轮CfD中标总装机容量的2倍。没有了海上发电这一强劲对手，潮流能和波浪能发电项目将首次与海上浮式风电和先进转换技术项目在同一组别内开展竞标，有望实现海洋能发电项目在CfD制度下的首次中标，这将有力助推英国潮流能产业复制海上风电的成功发展历程。

2020年12月，英国颁布《能源白皮书：赋能净零排放未来》，提出在2032年前减少能源、工业和建筑领域的碳排放，2050年实现净零排放的路线图。再次强调未来10年英国将继续通过可再生能源CfD政策支持海上浮式风电、潮流能、波浪能、海上氢能等可再生能源技术发展。

（二）英国海洋能政策

为了加快实现 2050 年英国净零排放的目标，2020 年 11 月英国政府发布了动用 120 亿英镑政府资金和三倍私营投资资金的"绿色工业革命 10 项计划"，提供并支持多达 25 万个绿色就业岗位。

2020 年 6 月，英国独立气候咨询机构——气候变化委员会（CCC）发布了一系列非常重要的报告。其中包括向英国议会提交的 2020 年进展报告，向苏格兰议会提交的 2020 年进展报告及第六次碳预算报告。新冠疫情后向英国议会提交的《减少英国碳排放量：2020 年进展报告》向英国政府提出了一系列绿色发展和修复环境的建议，并对 2008 年以来英国取得的进展进行了评估。

2020 年 12 月，苏格兰更新了气候变化规划，制定了实现 2032 年减排目标的路线图，并介绍了新冠疫情后苏格兰政府采取的绿色修复措施。自 2014 年起，苏格兰政府已为苏格兰波浪能计划提供了近 5 000 万英镑的资金。2019—2020 年，苏格兰政府通过 Saltire 潮流能挑战基金为两个创新型潮流能项目提供了约 500 万英镑的资金，这两个项目将在苏格兰海域部署。苏格兰政府还将继续为苏格兰海洋能产业工作组提供支持，促进企业、学术机构和公共管理部门之间的协同合作，进一步发展苏格兰的海洋能产业。

苏格兰海洋渔业局负责管理苏格兰的海洋事务，包括海洋能项目的规划和审批，2020 年该局发布了"2020 年海上风电计划"，为苏格兰海上风电的商业化发展制订了长期规划。

苏格兰皇室地产为波浪能和潮流能开发商制定了非竞争性的用海租赁申请流程，用海泊位装机容量最高可达 30 MW。此外，2020 年苏格兰皇室地产进行了第一轮用海租赁，可为海上风电开发商提供8 600 km² 的海域使用权。

威尔士政府的目标是到 2030 年实现可再生能源混合发电提供 70%的电力供应，其中一部分应来自海洋能。为实现该目标，威尔士政府通过威尔士欧洲基金办公室(WEFO)将未来 5 年 1.004 亿英镑的欧盟结构性基金进行了分配。该基金的目标是增加波浪能和潮流能测试装置的数量(包括多个装置组成阵列的部署)，将威尔士建成海洋能发电中心。

截至 2020 年底，威尔士在海洋能产业发展方面的投入超过 1.237亿英镑。共有 16 家开发商在威尔士开展海洋能项目开发，拟建总装机容量超过 532 MW。

2020 年 9 月，英国海洋能理事会(MEC)向英国商业、能源和产业战略部(BEIS)大臣详细介绍了波浪能和潮流能如何在 2040 年和 2030年分别创造 40 亿英镑和 14 亿英镑产值。为此，MEC 提出了三项具有影响力的措施：CfD 政策改革，制订战略远景规划，通过创新电力购买协议(IPPA)为技术开发商提供支持。

(三)英国欧洲海洋能源中心(EMEC)2020 年度进展

2020 年 12 月，EMEC 发布了 2020 年年度总结。自 2003 年建成以来，EMEC 累计为英国创造了 3.06 亿英镑产值，并提供了 4 517 个全职工作岗位，其中 1 824 个位于奥克尼群岛，超过 50%的支出用于当地，充分证明了 EMEC 对当地经济的贡献度。

EMEC 下属的 Hydrogen 公司，致力于拓展潮流能发电在绿色制氢领域的应用，于 2020 年实现了国际上首个商业规模的氢动力飞机在奥克尼群岛起降。

英国首相约翰逊于 2020 年 7 月到访奥克尼群岛，宣布了《岛屿增长协议》，将为苏格兰群岛地区实现绿色复苏和 2030 年净零碳排放提供 1 亿英镑资金。

2020 年 8 月，EMEC 通过了国际电工委员会可再生能源认证体系认证，成为世界上第一个海洋能源领域的 RETL 认证实验室。

在潮流能机组测试方面：Magallanes Renovables 公司的 ATIR 平台（2 MW）将在 EMEC 持续测试到 2021 年；Orbital Marine Power 公司的 O2 机组（2 MW）完成制造，将于 2021 年在 EMEC 开展测试。与韩国海洋科学技术研究院（KIOST）合作开发韩国潮流能测试场。

波浪能发电装置测试方面：AWS 公司、Mocean 公司、Quoceant 公司、Apollo 公司等技术和装置都在 EMEC 开展了联合研究和测试。

2020 年通过欧盟 AFLOWT 计划，EMEC 还开展了浮式风电研究。通过新成立的 ReFLEX Orkney 公司，开展了智慧能源系统研发，致力于在奥克尼群岛打造新型低碳交通及能源系统。

2020 年 12 月，EMEC 开始对美国 Verdant power 公司于 2020 年 10 月在纽约东河水域布放的 3 台 Gen5 潮流能机组开展第三方测试评估。由于新冠肺炎疫情影响，EMEC 在 Gen5 潮流能机组运行两个多月后才开始根据 ISO/IEC 17025 标准开展机组的电力性能评估。在测试完机组达到全功率曲线的性能后，EMEC 将提交一份国际认可的第三方测试报告。这是 EMEC 自 2020 年 8 月通过国际电工委员会可再生能源认证体系认证，成为世界上第一个海洋能源领域的 RETL 认证实验室后，在国际上首次开展潮流能装置测试评估。

四、美国海洋能政策动态

(一)美国将海洋温差能纳入《国内税收法典(1986)》

2019 年 12 月,美国参议院与众议院举行《E. Cooper Brown 海洋清洁能源法案(2019)》听证会,旨在修订《国内税收法典(1986)》中部分条款,使海洋温差能利用装置可享受税收抵免,以推进海洋温差能(OTEC)发电及海水冷处理系统技术的发展。主要修订内容包括以下几类。

1. 海洋能温差能发电

OTEC 是一种清洁能源技术,利用较冷的深海和温暖的表层海水之间的温差产生能量。

OTEC 技术具有产生大量清洁能源发电的潜力。

发展 OTEC 技术将减少温室气体排放以及对化石燃料的依赖。

在热带和亚热带偏远地区,发电成本很高。与传统柴油发电成本相比,OTEC 技术成本更低。

OTEC 有助于减少偏远军事基地的运营成本。

美国自 1974 年建立夏威夷管理局自然能源实验室开始,参与了 OTEC 研究,该实验室是世界领先的 OTEC 技术测试设施之一。在美国海军支持下,在该实验室附近开发的 105 kW OTEC 示范装置于 2015 年建成并网发电。

在某些地区,陆上 OTEC 装置也可用于制冷和冷却海水或湖水空调(SWAC/LWAC)系统、农业以及海水淡化系统。

OTEC 的经济效益包括减少燃料进口、稳定部分地区电价、减少电力公司和政府的资本支出以及显著的能源成本节约。

OTEC 的社会效益包括海水淡化和促进水产养殖。

2. 海水空调(SWAC)

SWAC 是一种替代能源系统,利用深海(有时甚至是深湖)中的冷水为建筑物降温。

SWAC 是海洋温差能(OTEC)利用的另一途径,可以与 OTEC 发电系统结合使用,也可以作为独立的替代能源系统使用。

SWAC 的基本过程包括从深层冷水源(海洋或湖泊)泵出水再通过热交换器,闭环淡水分配系统通过冷却水的热交换器进行泵送,冷却水分配到整个建筑物或建筑物群中(即区域冷却系统)。

SWAC 技术已经在加拿大多伦多的康奈尔大学和夏威夷自然能源管理局的大型系统中验证成功。

SWAC 的环境效益包括作为一种清洁的可再生能源,减少对化石燃料的冷却依赖以及减少温室气体排放。

SWAC 的经济利益包括稳定的长期能源成本和不受市场趋势的影响,降低运营成本(包括降低燃料、淡水、设备和设备维护的成本)以及成为一项具有成本效益和吸引力的能源技术投资。

3. 海洋温差能税收抵免权益

《国内税收法典(1986)》第48(a)(3)(A)条加入海洋温差能利用装置。

根据法典第48(a)(2)(A)条,对海洋温差能利用装置实施15%的税收抵免。

本条修订于2019年12月31日生效。

（二）美国持续加强海洋能研发投入

2020 年，美国联邦政府向美国能源部 WPTO 拨款达 1.48 亿美元，其中海洋及水动力（MHK）研发经费约 1.1 亿美元，资金支持力度创近年来的新高（图 4.9）。

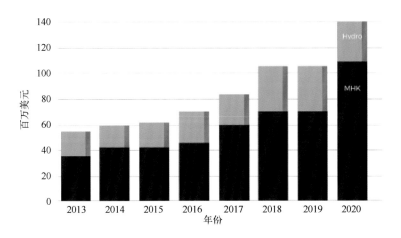

图 4.9 美国海洋及水动力研发经费年度统计

2020 年 5 月，WPTO 宣布投入 440 万美元，支持开展 9 个海洋能技术可行性研究项目，每个项目第一阶段将获得 20 万美元，用于技术可行性研究，为期一年。将从这些项目中遴选出部分项目在 2021 年给予第二阶段资助，单一项目经费为 110 万～160 万美元，为期两年。

2020 年 6 月，WPTO 宣布"Waves to Water"（波浪能海水淡化）竞赛第二阶段的入选名单，并确定竞赛最终测试地点在珍妮特码头波浪能试验场（JPWETF）。此项竞赛于 2019 年 6 月正式启动，共分为 5 个阶段，美国能源部共投入 330 万美元，旨在加速波浪能海水淡化系统的技术创新。最终参赛者将建造系统样机，并在 JPWETF 完成 5 天的海上测试。

2020 年 8 月，WPTO 宣布启动 2021 年海洋能大学生竞赛（MECC）。在首届 MECC 基础上，2021 年的竞赛要求参赛者通过开发创新型海洋能技术，增强沿海地区应对灾害的能力以及实现为海上仪器供电的功能。本次比赛面向大学生和研究生，重点关注建模及测试，所有团队将在 2021 年春季进行水槽测试。

2020 年 12 月，WPTO 宣布投入 2 200 万美元，支持了 3 个海洋能基础设施研建项目、7 个海洋能技术研发项目。包括建设第四个国家海洋能源中心——大西洋海洋能源中心（AMEC），研建潮流能机组移动测试平台，用于水下航行器充电的海洋能技术研发，海洋能增材制造技术研发等。

五、其他国家海洋能政策动态

（一）加拿大政府加大潮流能支持力度

2020 年 10 月，加拿大政府向新斯科舍省可持续海洋能源公司（SME）提供 2 850 万美元，以支持在加拿大建设第一个漂浮式潮流能阵列，这是加拿大政府有史以来最大的潮流能项目投资。

SME 公司开发的 PLAT-I 漂浮式潮流能平台已经在 Grand Passage 海域进行了为期两年的测试（图 4.10）。第二个平台目前正在新斯科舍省的梅特根进行组装，将于 2020 年底在 Grand Passage 海域进行测试，然后于 2021 年移至 FORCE。

SME 此次将在芬迪湾海域布放 9 MW 潮流能阵列，将每年减少 1.7×10^4 t 二氧化碳排放，同时在新斯科舍省创造新的就业机会。

（二）西班牙和英国联合发起"欧洲波浪"计划

2020 年 12 月，西班牙巴斯克自治区和英国苏格兰联合宣布了一项新的 5 年合作计划——"欧洲波浪"（EuropeWave），该计划将向波浪能创新项目提供总额 2 270 万欧元资金支持。欧盟将通过 Horizon 2020 计划提供 50% 资金，巴斯克能源署（30%）、苏格兰波浪能计划以及 OEE 等共同出资。

图 4.10　PLAT-I 漂浮式潮流能平台海上示范

2021—2026 年，EuropeWave 将使用一种创新的"预商业采购"模式来遴选欧洲最具市场前景的波浪能项目进行资助，项目将根据严格的技术和经济绩效指标对概念设计进行评估，并且将在 EMEC 和比斯开海洋能试验场（BiMEP）进行海上测试。

第二节　国际海洋能产业进展

全球海洋能资源十分丰富。根据联合国政府间气候变化专门委员会 2011 年发布的《可再生能源资源特别报告》，海洋能资源完全可满足全球电力需求。IRENA《海上可再生能源助力蓝色经济发展》也指出，全球海洋能可满足当前全球电力需求的两倍以上。

截至 2020 年底，全球海洋能电站(图 4.11)总装机容量大约为 53×10^4 kW，主要为潮汐能电站(表 4.1)。

图 例　电站装机容量 (MW)

波浪能
• 0.001~1.25

温差能
• 0.001~1.25

潮汐能
○ 1.25~5
○ 10~20
○ 20~320

潮流能
· 0.001~1.25
● 1.25~5
● 5~10

图 4.11　全球海洋能电站分布情况(截至 2020 年底)

表 4.1　国际海洋能电站一览表

种类	名称	位置	装机容量
潮汐能	朗斯电站	法国圣马洛	240 MW
	始华湖电站	韩国京畿道安山市	254 MW
	安纳波利斯电站	加拿大新斯科舍省	20 MW
	江厦电站	中国浙江温岭	4.1 MW
	海山电站	中国浙江玉环	250 kW

种类	名称	位置	装机容量
潮流能	MegGen 1A 电站	英国苏格兰彭特兰湾	6 MW
	NI 电站	英国设得兰群岛	400 kW
	Torcado 电站	荷兰东斯海尔德	1. 25 MW
	O2 电站	英国奥克尼群岛（EMEC）	2 MW
	Verdant Power 电站	美国纽约东河	105 kW
	AR500 电站	日本五岛列岛	500 kW
	Yongsoo 电站	韩国济州岛	500 kW
	Sabella 电站	法国布列塔尼	1 MW
	Minesto 电站 1	英国威尔士安格尔西岛	500 kW
	Minesto 电站 2	法罗群岛	100 kW
	Uldomok 电站	韩国珍岛	150 kW
	LHD 电站 1	中国舟山秀山岛	1. 7 MW
	浙江大学电站	中国舟山摘箬山岛	1. 4 MW
	Kobold 电站	意大利墨西拿海峡	30 kW
波浪能	Mutriku 电站	西班牙毕尔巴鄂	296 kW
	OPT 电站 1	英国苏格兰亨廷顿	3 kW
	OPT 电站 2	智利瓦尔帕莱索	3 kW
	OPT 电站 3	意大利亚得里亚海	3 kW
	Wavegem 电站	法国南特	120 kW
	Waveroller 电站	葡萄牙佩尼切	350 kW
	Wavepiston 电站	西班牙大加那利岛	200 kW
	UniWave200 电站	澳大利亚金岛	200 kW
	"企鹅号"电站	西班牙 BiMEP	600 kW
	"长山号"电站	中国珠海万山岛	500 kW
	"澎湖号"电站	中国珠海桂山岛	60 kW
	平冢波浪能电站	日本神奈川县	10 kW
	EWP 电站 1	以色列雅法港	10 kW
	EWP 电站 2	英属直布罗陀	100 kW
	Powerpier 电站	挪威奥勒松港	10 kW
	OBREC 电站	意大利那不勒斯	8 kW
温差能	Makai 电站	美国夏威夷	100 kW
	Saga 电站	日本冲绳久米岛	30 kW

一、国际潮流能产业 2020 年进展

（一）英国亚特兰蒂斯资源公司

英国亚特兰蒂斯资源公司于 2015 年启动了总装机容量为 398 MW 的 MeyGen 潮流能发电场一期工程，2016 年底第一台机组并网，2018 年由 4 台机组组成的 6 MW 一期工程交付使用，进入了 25 年的运营期。自并网发电以来，在英国 RO 政策支持下，对一期工程所发电力给予 5 个 ROC/（MW·h）的支持，电力供应商大约按照 0.3 英镑/（kW·h）的价格收购。截至 2020 年底，MeyGen 一期工程累计发电量超过 37×10^6 kW·h，总收益达 1 100 万英镑。

2020 年 4 月，亚特兰蒂斯资源公司联合英国 ITP 公司，与中国船舶重工集团公司和三峡集团合作，共同研建了 SG500 潮流能机组，在中国舟山完成了海上吊装。

2020 年 5 月，为应对新冠肺炎疫情影响，亚特兰蒂斯资源公司宣布采取削减管理层薪资等方式节约公司成本。

2020 年 6 月，亚特兰蒂斯资源公司半年报显示，2020 年上半年亏损 610 万英镑，亏损额相比 2019 年同期下降近一半。

2020 年 7 月，亚特兰蒂斯资源公司获得了在法国诺曼底 Raz Blanchard 地区开发潮流能项目的用海许可，将先期开发 12 MW 潮流能发电场。

2020 年 8 月，亚特兰蒂斯资源公司对 AR1500 机组进行了回收维护，计划于 2021 年初重新布放。

2020 年 12 月，亚特兰蒂斯为日本设计建造的 500 kW AR500 机组

运抵日本长崎，将于 2021 年 1 月安装。

（二）瑞典 Minesto 公司

瑞典 Minesto 公司于 2018 年在威尔士完成了首个潮流能"风筝"示范项目，开创性地应用了低流速潮流能发电技术。2019 年，欧盟向 Minesto 公司提供了 1 490 万欧元，支持其在威尔士开展潮流能开发。此后，Minesto 公司在法国、法罗群岛等地签署了多个潮流能开发利用协议。

2020 年 2 月，Minesto 公司和法罗群岛电力公司签署了电力购买协议，先期将布放两个 100 kW 的潮流能"风筝"机组，后续将建设 2 MW 潮流能电站。

2020 年 6 月，Minesto 公司完成了法罗群岛潮流能项目的海上桩基工程。

2020 年 10 月，Minesto 公司在法罗群岛的韦斯特曼纳海峡布放了第一台 100 kW 潮流能机组，并进行了调试。

2020 年 12 月，成功向法罗群岛电网供电。

二、国际波浪能产业 2020 年进展

（一）西班牙 Mutriku 波浪能电站

2011 年 7 月，西班牙 EVE 能源公司在毕尔巴鄂北部 Amintza 防波堤上，建成总装机容量 296 kW 的 Mutriku 振荡水柱式波浪能电站。电站包含 16 台发电装置，最大年发电量 $4 \times 10^5 \text{kW} \cdot \text{h}$。

2016 年，Mutriku 电站成为国际上首个发电量达 $1 \times 10^6 \text{kW} \cdot \text{h}$ 的波浪能电站。

2019 年，Mutriku 电站成为 BiMEP 的一部分，可以对新型振荡水柱式发电装置开展现场测试。

2020 年 1 月，Mutriku 电站累计发电量达 $2×10^6 kW·h$。

(二)美国 OPT 公司

美国 OPT 公司的波浪能发电浮标(PowerBuoy)是点吸收式波浪能发电装置，主要用于海上装备供电。目前已研建了多个千瓦级发电装置。2011 年 PB150 型通过了劳式船级认证。2016 年，OPT 公司在新泽西海域布放了商用 PB3 系统，于 2017 年完成示范。OPT 公司在美国俄勒冈州和澳大利亚维多利亚州均签署了兆瓦级波浪能电站开发协议。

2020 年 12 月，OPT 公司公布上市公司财报，由于产品开发支出的缩减，公司净亏损减少至 302 万美元，与上年同期相比减少了 20 万美元。

(三)瑞典 EWP 公司

2012 年 4 月，瑞典 EWP 公司在克里米亚半岛一处防波堤上安装了首个 10 kW 波浪能岸基电站进行测试。2014 年 1 月，该装置完成测试运到以色列雅法港并网运行至今。

2014 年 6 月，EWP 公司与英属直布罗陀政府签署了 5 MW 波浪能电站的电力购买协议。2016 年 7 月，一期 100 kW 电站建成并网(图 4.12)。

2020 年 1 月，EWP 公司与葡萄牙波尔图港口管理方 APDL 签署了特许协议，将建设 20 MW 波浪能电站。

2020 年 4 月，EWP 公司发布 2020 年一季度财报，预计亏损额为

42万欧元。主要是由于以色列雅法港项目扩建导致运营成本上升。同时，受新冠肺炎疫情影响，多个项目的审批和工程建设延期。

图 4.12 直布罗陀 EWP 波浪能电站

2020 年 4 月，EWP 公司在直布罗陀电站的波浪能发电装置上集成了太阳能电池板，建成了全新的波浪能与太阳能综合利用系统，太阳能总装机容量为 2.64 kW。

2020 年 10 月，EWP 公司与葡萄牙 Painhas 工程集团建立了战略合作关系，将为葡萄牙波尔图港口的 20 MW 波浪能电站的开发许可工作提供技术支持。

2020 年 12 月，EWP 与澳大利亚 Meridian Energy 签署合作协议，对澳大利亚波浪能商业化开发进行资源调查。

（四）澳大利亚 Carnegie 公司

澳大利亚 Carnegie 公司研制的"CETO"波浪能装置，采用大型水下浮子驱动，安装在水下 25～50 m 深度，与安装海床上的涡轮泵组相连接，除了发电，"CETO"装置还能利用波浪能进行海水淡化，利用波浪能驱动海水淡化高压泵，海水受压流过渗透膜装置进行淡化。

2009—2011 年，完成了 200 kW"CETO 3"波浪能发电装置示范，最大发电功率 203 kW，并可输送 7 700 kPa 的高压海水。

2016 年，Carnegie 公司曾宣布在英国康沃尔郡建设由 15 台 1 MW 型装置组成的波浪能电站，后因发电技术原因搁置。

2019 年，Carnegie 公司通过重组筹集了 550 万美元资金，用于支持 CETO 技术的开发及商业化，并启动了海岛波浪能多能互补示范，为澳大利亚海军基地 HMAS Stirling 提供绿色电力。

2020 年 5 月，在欧盟 MaRINET2 项目支持下，Carnegie 公司将在西班牙 Cantabria 测试 CETO 技术。

2020 年 6 月，Carnegie 公司获得澳大利亚蓝色经济合作研究中心资助，开展了波浪能海水养殖供电示范(图 4.13)。

图 4.13　CETO 波浪能技术海试

(五)爱尔兰 OE 公司

爱尔兰 OE 公司于 2016 年完成了 1/4 比例的振荡水柱式波浪能发电样机海试(图 4.14)。在欧盟、爱尔兰、美国共同资助下，计划在美国开展 1/2 比例样机海试。

图 4.14　OE 波浪能发电装置海试

2020 年 1 月，OE 公司在美国波特兰完成了重达 826 t 的 500 kW 的 OE35 波浪能发电装置制造。

2020 年 6 月，OE 公司获得了欧盟 420 万欧元资助，持续推动波浪能技术测试及验证，提高设备性能，推进产业化进程。

截至 2020 年底，OE35 波浪能发电装置抵达美国海军 WETS 试验场，将开展为期一年的海上示范。

三、国际潮汐能产业 2020 年进展

2013 年，英国潮汐潟湖电力（TLP）公司开始在塞文河口附近的斯旺西海湾论证建设潮汐潟湖电站的可能性。潮汐潟湖发电原理是利用天然形成的半封闭或封闭式的潟湖，在潟湖围坝上建设潮汐电站，利用潟湖内外涨潮水落潮时形成的水位差推动低水头涡轮机发电，由于无需在河口拦坝施工，因而对当地的海域生态环境损害较小。

2014 年，TLP 公司向英国政府申请建造世界上首个潮汐潟湖电站，规划为双向潮汐发电，总装机容量达 320 MW，成本电价约合人

民币 1.68 元/(kW·h)。

2014 年 7 月，英国能源及气候变化部通过第三方评估认可了 TLP 公司提议的技术可行性。后由于资金问题搁置。

2019 年，英国宣布由于财政紧张，将不通过 CfD 对该项目进行电价补贴，但若获得其他渠道资金支持，仍可继续推进该项目。

2019 年 12 月，TLP 公司发起 120 万英镑融资，以便在 2020 年 6 月项目用海协议到期前启动该项目的规划论证及基建工程一期。

第三节　国际海洋能组织动态

为促进海洋能开发利用经验交流，我国积极加入了相关国际海洋能组织并开展了务实合作。

一、国际能源署海洋能系统技术合作计划

2001 年，为了促进海洋能研发与利用，推动海洋能技术向可持续、高效、可靠、低成本及环境友好的商业化方向发展，葡萄牙、丹麦、英国 3 个发起国在国际能源署（IEA）的支持下成立了海洋能源系统实施协议（OES-IA），2016 年，IEA 将 OES-IA 更名为海洋能系统技术合作计划（OES-TCP）（以下简称"OES"）。OES 以支持开展专题工作组跨国联合研究的形式，相继支持了多个成员国开展了"海洋能系统信息交流与宣传""海洋能系统测试与评估经验交流""波浪能及潮流能系统环境影响评价与监测"等十多个专题工作组的研究。截至 2020 年底，OES 共有 25 个成员国（包括欧盟）（表 4.2）。

表 4.2 OES 成员一览表

加入时间	成员国/组织	缔约机构
2001 年	葡萄牙	国家能源和地质实验室
	丹麦	丹麦能源署
	英国	能源和气候变化部
2002 年	日本	佐贺大学
	爱尔兰	爱尔兰可持续能源署
2003 年	加拿大	加拿大自然资源部
2005 年	美国	美国能源部
2006 年	比利时	联邦公共服务经济部
2007 年	德国	德意志联邦共和国政府
	挪威	挪威研究理事会(2020 年为非活跃成员国)
	墨西哥	墨西哥合众国政府
2008 年	西班牙	TECNALIA 研究院(2008—2017 年),BiMEP 测试场(2018 年至今)
	意大利	能源监管局
	新西兰	新西兰波浪能和潮流能协会
	瑞典	瑞典能源署
2010 年	韩国	海洋水产部
	南非	南非国家能源发展研究所(2020 年为非活跃成员国)
2011 年	中国	国家海洋技术中心
2013 年	摩纳哥	摩纳哥公国政府
2014 年	新加坡	南洋理工大学
	荷兰	荷兰企业管理局
2016 年	印度	国家海洋技术研究所
	法国	法国海洋能研究所
	欧盟	欧盟委员会
2018 年	澳大利亚	联邦科学与工业研究组织

2011 年,国家海洋技术中心作为缔约机构代表中国加入 OES,相继加入了多个专题工作组,并联合承担了温差能开发利用工作组。为履行 OES 成员国"海洋能系统信息交流与宣传"等职责,按季度编辑发行"海洋可再生能源开发利用动态简报",宣传国内外海洋能发展动态。

2020 年 1 月,中国与国际能源署科技合作工作研讨会在北京举行,来自国家科技部、能源局、IEA 中方办公室等部门的 50 余名代表参会。

为加强成员国海洋能国际合作，促进信息交流，OES 每年召开两次执委会会议。受新冠肺炎疫情影响，OES 分别于 2020 年 5 月 18—22 日和 2020 年 11 月 4—6 日以线上会议的形式召开了第 38 次和第 39 次执委会会议。

2020 年底，OES 发布了《OES 年度报告 2020》，根据统计，全球建成 37 个海洋能试验场(图 4.15)，还有 12 个正在建设(表 4.3)。

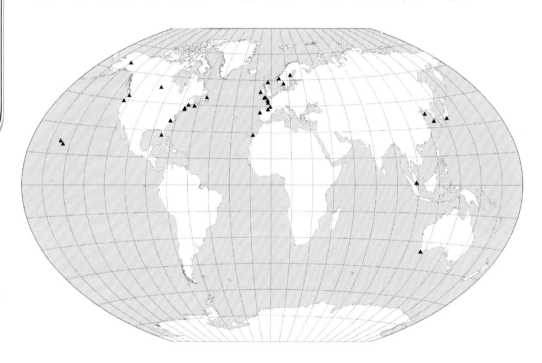

图 4.15　全球海洋能已建成试验场分布情况(截至 2020 年底)

表 4.3　2020 年 OES 成员海洋能试验场统计

国家	试验场名称	位置	状态
英国	欧洲海洋能中心(EMEC)	苏格兰奥克尼群岛	运行
	Wave Hub 海洋能试验场	英格兰康沃尔郡	运行
	FaBTest 海洋能试验场	英格兰康沃尔郡	运行
	META 海洋能试验场	威尔士彭布罗克郡	在建
	MTDZ 潮流能试验场	威尔士安格尔西岛	在建

国家	试验场名称	位置	状态
加拿大	芬迪湾海洋能源研究中心（FORCE）	新斯科舍省芬迪湾	运行
	加拿大水轮机测试中心（CHTTC）	马尼托巴省	运行
	（北大西洋大学）波浪能研究中心（WERC）	纽芬兰与拉布拉多省	运行
荷兰	TTC 潮流能试验场	登乌弗	在建
	REDstack 盐差能试验场	阿夫鲁戴克大堤	运行
爱尔兰	SmartBay 海洋能试验场	戈尔韦湾	运行
	大西洋海洋能试验场（AMETS）	梅奥郡贝尔马利特	在建
美国	美国海军波浪能试验场（WETS）	夏威夷卡内奥赫湾	运行
	太平洋海洋能中心北部能源试验场（PMEC NETS）	俄勒冈州纽波特	运行
	太平洋海洋能中心华盛顿湖试验场（PMEC LW）	华盛顿州西雅图	运行
	太平洋海洋能中心塔纳纳河水动力试验场（PMEC TRHTS）	阿拉斯加州尼纳纳	运行
	珍妮特码头波浪能试验场（JPWETF）	北卡罗来纳州珍妮特码头	运行
	美国陆军工程师团河流能试验场（USACE FRF）	北卡罗来纳州 Duck	运行
	（新罕布什尔大学）海洋可再生能源中心（CORE）	新罕布什尔州达勒姆	运行
	UMaine Alfond W2 海洋工程实验室（UMaine W2OEL）	缅因州奥罗诺	运行
	UMaine 深海可再生能源试验场（UMaine DOREOTS）	缅因州蒙希根岛	运行
	海洋温差能试验场（OTECTS）	夏威夷凯阿霍莱角	运行
	东南国家海洋可再生能源中心（SNMREC）	佛罗里达州博卡拉顿	运行
	海洋可再生能源联盟伯恩潮流能测试场（MRECo BTTS）	马萨诸塞州伯恩	运行
	太平洋海洋能中心南部能源试验场（PMEC SETS）	俄勒冈州纽波特	在建
葡萄牙	Pilote Zone 海洋能试验场	维亚纳堡	运行
	阿古萨多拉海上试验场	阿古萨多拉	在建
西班牙	比斯开海洋能试验场（BiMEP）	巴斯克地区	运行
	Mutriku 波浪能电站	巴斯克地区	运行
	PLOCAN 海洋平台	加那利群岛	运行
	Punta Langosteira 试验场	加利西亚	在建
墨西哥	Port El Sauzal 海洋能试验场	下加利福尼亚州恩塞纳达	在建
	莫雷洛斯港试验站（Station Puerto Morelos）	金塔纳罗奥州莫雷洛斯港	在建

国家	试验场名称	位置	状态
丹麦	丹麦波浪能中心(DanWEC)	汉斯特霍尔姆	运行
	丹麦波浪能中心尼苏姆湾试验场(DanWEC NB)	尼苏姆湾	运行
比利时	奥斯坦德波浪能试验场	奥斯坦德港	运行
挪威	伦德环境中心(REC)	伦德岛	运行
瑞典	吕瑟希尔波浪能试验场	吕瑟希尔	运行
	Söderfors 海洋能试验场	Dalälven	运行
法国	SEM-REV 海洋能试验场	Le Croisic	运行
	SEENEOH 海洋能试验场	波尔多	运行
	Paimpol-Brehat 海洋能试验场	Bréhat	运行
中国	国家海洋综合试验场(威海)	山东威海	运行
	国家海洋综合试验场(舟山)	浙江舟山	在建
	国家海洋综合试验场(珠海)	广州万山	在建
韩国	韩国波浪能测试场(K-WETS)	济州岛	运行
	韩国潮流能中心(KTEC)	珍岛	在建
日本	AMEC(Naru)潮流能试验场	长崎五岛列岛	运行
新加坡	圣淘沙岛潮流能试验场(STTS)	圣淘沙岛	运行

二、国际电工委员会波浪能、潮流能和其他水流能转换设备技术委员会

2007年，为推动海洋能转换系统国际标准的制定和推广，国际电工委员会(IEC)成立了波浪能、潮流能和其他水流能转换设备技术委员会(IEC/TC114)，标准化范围重点集中在将波浪能、潮流能和其他水流能转换成电能。IEC/TC114成员国包括参与成员国和观察员国两种，参与成员国拥有对提交表决的所有问题、询问草案和最终国际标准草案进行投票表决以及参加会议的权利和义务。中国于2013年加入IEC/TC114。截至2020年底，IEC/TC114共有成员国及观察员国29个(表4.4)。

表 4.4 IEC/TC114 成员国一览表

	成员国/组织	缔约机构
参与成员国	澳大利亚	澳大利亚标准化组织
	比利时	比利时电工委员会
	加拿大	加拿大标准协会
	中国	国家标准化管理委员会
	德国	德国电子电气信息技术协会
	丹麦	丹麦标准协会
	西班牙	西班牙标准化协会
	法国	法国标准化协会
	英国	英国标准协会
	爱尔兰	爱尔兰国家标准局
	以色列	以色列标准协会
	伊朗	伊朗国家标准化组织
	意大利	意大利电工技术委员会
	日本	日本工业标准委员会
	韩国	韩国技术标准院
	荷兰	荷兰电工委员会
	新加坡	新加坡标准理事会
	美国	美国国家标准学会
观察员国	巴西	巴西电力电子照明及通信委员会
	捷克	捷克标准计量测试办公室
	芬兰	芬兰电气标准协会
	挪威	挪威电工委员会
	波兰	波兰标准化委员会
	葡萄牙	葡萄牙认证研究院
	罗马尼亚	罗马尼亚标准协会
	俄罗斯	俄罗斯联邦技术和计量部
	沙特阿拉伯	沙特阿拉伯标准计量和质量局
	瑞典	瑞典标准化组织
	乌克兰	乌克兰国家电工委员会

IEC/TC114 我国国内技术对口单位为哈尔滨大电机研究所，2014年，发起成立了全国海洋能转换设备标准化技术委员会（SAC/TC546），促进国际海洋能标准转化工作。

三、国际可再生能源署

2009 年，以"促进所有形式的可再生能源的推广、普及和可持续利用"为目标，在德国波恩成立了政府间组织——国际可再生能源署（IRENA），总部设在阿拉伯联合酋长国。中国于 2014 年正式加入 IRENA，缔约机构为国家能源局。截至 2020 年底，IRENA 共有 162 个成员国。

2020 年 12 月，IRENA 发布了《海洋能技术创新展望》《海上可再生能源助力蓝色经济发展》等重要报告（图 4.16）。

图 4.16　IRENA 2020 年发布的报告

第五章　OES 成员国海洋能技术进展

2020 年，OES 成员国在海洋能技术研发及示范、海上试验场建设及运行等方面取得了诸多进展。

第一节　英国 2020 年度海洋能技术进展

英国潮流能和波浪能电站装机容量国际领先，近年来致力于潮流能发电成本下降和波浪能技术创新研究。

一、英国波浪能技术进展

2020 年，英国继续开展波浪能的创新研发，推动波浪能向设计收敛和商业化方向发展。

WES 持续为波浪能创新和示范项目提供资金支持。2020 年，为 4 个开发快速连接系统的项目提供了 140 万英镑资金，以提高波浪能发电装置的安装效率并促进基础设施建设。

WEFO 继续为波浪能研发提供支持，自 2014 年起为波浪能研发投入 3 040 万英镑资金。

2020 年 7 月，澳大利亚 Bombora 公司完成了全比例装置结构建造和组装，该模块是坐底式 mWave 发电装置（总长 75 m）的关键组件。

ERDF 于 2018 年向 Bombora 公司提供了 1 030 万英镑资金，支持其在英国彭布罗克郡开展 1.5 MW 的全浸没膜式波浪能发电装置——mWave。2019 年 10 月获得用海许可。计划于 2021 年在彭布罗克郡海域开展示范。

二、英国潮流能技术进展

2020 年，英国潮流能项目继续向商业化发展。

（一）MeyGen 潮流能发电场

MeyGen 潮流能发电场由 SIMEC Atlantis 公司运营，位于苏格兰彭特兰湾，目前已建成 6 MW，中长期将建设 398 MW。截至 2020 年底，MeyGen 项目累计并网发电量超过 $37×10^6$ kW·h，4 台机组的可用率达到 90% 左右。

2020 年 8 月，在苏格兰政府的 Saltire 潮流能挑战基金支持下安装了海底电力枢纽（图 5.1），可以进一步提高现有阵列的输电效率，并为下一阶段潮流能机组并网提供支撑。

图 5.1　MeyGen 海底电力枢纽准备布放

（二）Nova Innovation 潮流能技术

Nova Innovation 公司自 2016 年 3 月在设得兰群岛布放首台潮流能机组以来，至 2017 年 2 月，共布放了 3 台机组，总装机容量 300 kW。2020 年，Nova Innovation 公司获得了海域使用期限延长许可，并扩大了用海范围，最大可装机从 500 kW 增加到 2 MW，该公司计划再安装 3 台机组。2020 年 10 月，该公司安装了第一台直驱式潮流能机组——Eunice（图 5.2），这种无齿轮箱式设计机组的建造成本下降了 30%。截至 2020 年底，该公司设得兰群岛潮流能阵列累计并网时间超过 30 000 h。

图 5.2　Eunice 准备布放

在欧盟 H2020 支持下，Nova Innovation 公司牵头开展了未来潮流阵列（EnFAIT）项目，总投入 2 020 万欧元，于 2017 年 7 月启动，持续至 2022 年 6 月。该项目将支持设得兰群岛潮流能阵列总装机容量增加到 600 kW，并实现阵列的高可靠性和可用性。

2020 年 9 月，Nova Innovation 公司宣布从加拿大政府获得 400 万加元资金，用于在新斯科舍省开展潮流能项目一期建设。据了解，该项目总装机容量 1.5 MW，将布放 15 台直驱式机组。

（三）Orbital Marine Power 潮流能技术

2020 年，Orbital Marine Power 公司继续建造新一代 O2 机组（图 5.3），这是该公司的首台商业化机组，计划于 2021 年在 EMEC 进行安装测试。

O2 研制先后获得欧盟 H2020 计划、Saltire 潮流能挑战基金以及西北欧区域合作计划的支持。欧盟 H2020 计划通过漂浮式潮流能技术（FloTEC）项目（2016—2021 年），对 O2 系泊减震器、储能协同定位设计和环境监测进行了一系列补充创新和改进。欧洲研究与开发基金的西北欧区域合作计划通过潮流能发电并网（ITEG）项目（2017—2020 年），支持利用 O2 开展潮流能制氢应用，以降低潮流能商业化的成本，2020 年 6 月，合作方 EMEC 改造了奥克尼制氢厂，以提高制氢厂与埃代岛 Caldale 试验场储能设施之间的效率。

图 5.3　Orbital O2 机组组装

O2 机组将进行一系列技术创新，降低潮流能的成本，其中包括装配两个直径 20 m 的转子，形成了目前单台潮流能发电装置的最大横扫面积，采用漂浮式潮流能装置的轮轴和新型"鸥翼"伸缩系统可以降低成本，简化整个机组的使用。2020 年 3 月，Orbital 公司获得了 EMEC 第二个泊位使用权，以支持 O2 技术下一步的示范。

（四）潮流能低成本发电技术

欧洲区域发展基金通过 Interreg France（Channel）England 计划支持英国和法国共 18 个合作单位开展了 TIGER 项目（2019—2023 年），牵头单位是英国海上可再生能源孵化中心，总经费 4 680 万欧元，英方提供资金 2 800 万欧元。

该项目将潮流能新技术进行开发、测试和示范，并在英吉利海峡安装 8 MW 的新型潮流能机组，促进潮流能新产品及相关服务的发展。

（五）瑞典 Minesto 潮流能风筝技术威尔士示范

2019 年 5 月，欧盟向瑞典 Minesto 公司提供了 1 490 万欧元，支持其在威尔士开展 Minesto 潮流能示范项目。2019 年 9 月，Minesto 公司的 DG500 潮流能风筝系统完成了动力输出系统升级后在威尔士北部海域开展试验（图 5.4），随后回收了该系统。

图 5.4　DG500 机组海试

2020 年 10 月，Minesto 公司在法罗群岛的韦斯特曼纳海峡安装了 100 kW 的 DG100 潮流能风筝系统并进行了调试。2020 年 12 月，Minesto 与当地电网签订了《电力购买协议》，成功向法罗群岛电网供电。

三、英国海洋能试验场进展

（一）EMEC

EMEC 成立于 2003 年，是唯一一个获得英国皇家认可委员会（UKAS）认可的波浪能及潮流能测试中心，总部位于苏格兰奥克尼群岛，拥有 13 个全比例装置测试泊位和 2 个比例样机测试泊位。2020 年 8 月，EMEC 获得了世界上首个海洋能领域可再生能源检测实验室（RETL）的认证，这是国际电工委员会可再生能源认证体系（IECRE）授予的最高国际等级海洋能检测实验室。

波浪能测试方面，EMEC 继续与 AWS 和 Mocean 密切合作，准备通过苏格兰波浪能计划于 2021 年在 EMEC 开展装置测试。潮流能测试方面，EMEC 继续通过 FloTEC、ITEG 和 OceanDEMO 等项目与 Orbital Marine Power 公司合作，推进潮流能产业的商业化进程。此外，Magallanes 可再生能源公司将于 2021 年重新返回 EMEC，继续开展 ATIR 平台的测试。2020 年夏天，EMEC 还与 Perpetuus 潮流能中心（PTEC）签订了合作协议，将协助在英格兰怀特岛附近建设大型潮流能试验场。

EMEC 持续开展多元化发展。微软公司在 EMEC 位于 Billia Croo 的波浪能试验场继续通过 Natick 项目开展海底数据中心测试，项目由奥克尼可再生能源提供电力供应并利用海水进行冷却。2020年，奥克尼ReFLEX项目正式启动，开发集成智慧能源系统，增加清洁能源的应用范围，2020年12月，ReFLEX项目为奥克尼的居民和企业提供了一系列新的低碳输配电服务。

（二）Wave Hub试验场

Wave Hub试验场，距离康沃尔海岸约10 n mile，主要开展大型海上可再生能源发电装置测试。测试场海域使用面积为8 km^2，建有4个测试泊位，属BEIS所有，由Wave Hub公司运营。

2020年，Wave Hub试验场重新获得了漂浮式海上风电的使用许可权，并已有私营开发商购买泊位使用权。2020年6月，Wave Hub试验场协助威尔士在彭布罗克建设的META海洋能试验场即将完成一期建设。

（三）FaBTest试验场

FaBTest试验场位于康沃尔郡法尔茅斯湾，面积2.8 km^2。由于其位于海湾，属于相对遮蔽的位置，适合开展较小比例的概念装置和组件的测试。2019年，海洋动力系统(MPS)公司和AMOG公司在该试验场对"WaveSub"系泊系统和"AEP"波浪能发电装置开展了测试并成功实现发电。

（四）META海洋能试验场

META海洋能试验场是威尔士海洋能协会建立的试验场，位于彭布罗克郡米尔福德黑文水道，设计有7个测试泊位，可以开展组件、子组件和单个设备阶段的测试，EMEC和Wave Hub为该试验场的建设提供了战略性建议，总建设经费6 000万英镑。2019年9月启动了试验场一期工程建设。

（五）MTDZ 潮流能试验场

Morlais 潮流能示范区（MTDZ 潮流能试验场），位于安格尔西岛，面积 37 km²，可用于海洋能发电装置测试、示范及商业化运行。总预算 3 300 万英镑，2020 年得到欧盟和威尔士政府 450 万英镑资金支持。目前该示范区处于审批过程中。2019 年 5 月，加拿大 Big Moon Power 公司与该示范区签署了协议，将在该区域开展潮流能技术的商业化布放。

第二节　美国 2020 年度海洋能技术进展

2020 年，美国海洋能研发取得诸多进展，准备在 2021 年布放更多的海洋能发电装置。部分海洋能产业和研究活动因新冠肺炎疫情影响推迟，但仍安全地完成了大量实海况测试。由美国能源部、国家实验室、学术机构、企业和联邦政府联合开展的研发活动并未中断。

一、美国海洋能技术进展

2020 年，尽管受到新冠肺炎疫情影响，美国仍布放和测试了一个潮流能机组和一个河流能机组。波浪能研发机构完成了大量实海况测试准备工作，将于 2021 年开展 5 个波浪能发电装置测试。

（一）Verdant Power 潮流能发电技术

Verdant Power 公司研发的第五代水动力发电系统（Gen5）是一种水平轴式潮流能机组，包含一个三角架结构——TriFrame（3 台机组安装形成阵列），完成了机组间距优化，降低了安装、运维和回收的成本。

2020 年 10 月，Gen5（3×35 kW）在纽约东河水域完成布放（图 5.5）。

图 5.5　Gen5 机组开始测试

（二）ORPC 河流能发电技术

ORPC 在阿拉斯加伊久吉格的 Kvichak 河测试了一个 35 kW 的横流式河流能机组（RivGen©）。RivGen© 可为该地区提供大约一半的电力需求，大幅度降低当地对柴油发电的依赖。该系统曾于 2019 年夏天完成首次海试，经改进后于 2020 年 10 月重新下水测试。

（三）即将下水的波浪能发电装置

CalWave 公司计划于 2021 年对其水下压差式波浪能发电装置开展为期半年的测试，将在加利福尼亚州圣地亚哥的斯克里普斯海洋研究所附近海域进行。

C-Power 公司准备在美国夏威夷的美国海军波浪能试验场（WETS）测试其 1 kW 的非并网 SeaRAY 波浪能发电装置，主要用于水下观测设备供电，预计将于 2021 年开展。

C-Power 公司准备在 WETS 测试其 StingRAY H3 波浪能发电装置。

预计将于 2021 年秋季开展。

Ocean Energy 公司完成了 500 kW 海洋能发电浮标的建造（图 5.6），并于 2019 年 12 月拖航至 WETS 准备测试。目前该浮标正在港口进行吊装准备。

图 5.6　OE 500 kW 海洋能发电浮标完成建造

Oscilla Power 公司开发的 Triton 双体多模式点吸收式波浪能发电装置，已完成 100 kW 的 Triton-C 装置建造，将于 2021 年在 WETS 开展为期一年的测试。

二、美国海洋能试验场进展

美国众多大学、私营公司、非营利组织和国家实验室都积极参与海洋可再生能源研究，这些机构共有约 40 个海洋能专业基础设施。为了促进海洋可再生能源技术的研究、教育和推广，WPTO 与 5 所大学合作，共同运营着 3 个国家海洋可再生能源中心。

太平洋海洋能中心（PMEC）：前身为西北国家海洋能中心，由华盛顿大学、俄勒冈州立大学和阿拉斯加费尔班克斯大学合作成立，负责协调西北太平洋地区海洋能测试设施的使用，并与利益相关方合作，共同应对海洋能发展面临的主要挑战。

夏威夷国家海洋可再生能源中心（HINMREC）：由夏威夷大学马诺阿分校的夏威夷自然能源研究所负责运营，主要目标是促进商业化波浪能系统的开发和应用。HINMREC 还协助管理夏威夷的两个试验场——波浪能试验场和温差能试验场。

东南国家海洋可再生能源中心（SNMREC）：由佛罗里达大西洋大学负责运营，研究重点是美国东南部的海流能和海洋温差能。

拟建的 PacWave 波浪能试验场于 2020 年通过了监管审查，将在距俄勒冈州约 11 km 的海域建设 4 个测试泊位，可开展波浪能发电装置和阵列的海上测试，最大并网测试能力达 20 MW，即将开工建设。

第三节　欧盟 2020 年度海洋能技术进展

2020 年，欧盟继续通过"Horizon 2020"和"欧洲区域发展基金"等资金计划支持海洋能开发利用。新的"创新基金"支持计划已于 2020 年启动。新的研究、示范和创新计划"Horizon Europe"（取代"Horizon 2020"计划）将于 2021 年启动。

一、欧盟海洋能资金计划动态

2020 年，欧盟继 NER 300 计划之后启动了"创新基金"。该基金是世界上最大的创新低碳技术示范资助计划之一，将在 2020—2030 年期间为创新低碳技术的商业示范提供约 100 亿欧元的资金，以支持欧洲实现碳中和。创新基金采用更简单的选择流程，以更灵活的方式提供更多资金，改善项目的风险分担方式，并向能源密集型行业的项目开放。创新基金专注于高度创新的技术，包括海洋能。2020 年首批大型项目(支持力度大于 750 万欧元)建议征集启动，首批小型项目(支持力度为 250 万~750 万欧元)建议征集于 2020 年底启动。

2020 年是"Horizon 2020"计划项目征集的最后一年，其中包括海洋能创新项目示范的主题。"Horizon Europe"将成为"Horizon 2020"的延续计划，预算总额为 955 亿欧元。计划通过后将于 2021 年开始实施，并将在气候与能源子计划下纳入海洋能开发专题。

欧洲投资银行(EIB)与欧盟联合实施的"InnovFin 能源示范项目(EDP)"计划，以贷款的方式为同类中首批次项目提供支持。InnovFin 计划旨在推动与加快建立欧洲未经验证市场的创新业务与项目的融资，有助于降低示范项目的财务风险，将根据项目需求提供股权与债权支持。

二、欧盟海洋能在研项目进展

H2020 计划在 2014—2020 年，共支持了 47 个海洋能项目。其中，2020 年启动了 3 个项目，目前仍有 12 个项目在研(表 5.1)。

表 5.1　H2020 计划支持的在研海洋能项目

支持年度	项目	开发商	研究重点
2020	Valid	Corpower	开发和验证新的加速混合测试试验转换器平台，以提高波浪能组件和子系统的可靠性和生存能力
2020	Impact	—	开发和示范用于波浪能装置的下一代 250 kW 测试平台

支持年度	项目	开发商	研究重点
2020	MUSICA	SINN Power	开发一种可复制的智能多用途空间平台,用于在小型岛屿上同时使用三种可再生能源(风能、光伏能和波浪能),支持蓝色经济
2019	LiftWEC	—	开发一种新型波浪能装置,利用旋转水翼上产生的升力来提取波浪能
2019	Element	Nova Innovation	利用人工智能提高潮流能涡轮机的性能
2019	NEMMO	Magallanes/Sagres	重点关注潮流能涡轮机叶片的开发
2018	The Blue Growth Farm	WAVENERGY. IT SRL	利用一个10 MW风机和多个波浪能发电装置集成的漂浮式平台开展服务蓝色经济示范
2018	RealTide	Sabella, Ener Ocean	识别潮流能机组故障,改进叶片和动力输出装置(PTO)等部件设计
2018	Imagine	—	开发新的电动机械发电机
2018	MegaRoller	AW Energy	为波浪能发电装置开发下一代PTO并进行示范
2018	Sea-titan	Wedge, Corpower	直驱PTO设计、加工、测试和验证,可与多种类型波浪能装置一起使用
2018	DTOceanPlus	Corpower, EDF, Naval Energies, Nova Innovation	开发海洋能技术第二代开放资源设计工具并进行示范,包括子系统、能量捕获装置和阵列

2020年,欧洲海事与渔业基金(EMFF)支持了芬兰AW-Energy公司利用WaveRoller开发波浪能发电场,支持了瑞典CorPower公司牵头开展波浪能可利用环境影响评估。EMFF在第一阶段预算后,已申请了2021—2027年基金预算,总额将超过60亿欧元,进一步支撑蓝色经济发展、维护海洋生物多样性、增进国际及区域海洋治理。

欧盟通过区域合作计划Interreg支持区域跨国合作,2016—2019年共有16个项目全部或部分支持了海洋能,总额达1.32亿欧元。

第四节 法国 2020 年度海洋能技术进展

一、法国海洋能政策动态

2020 年 7 月，法国启动制定《沿海地区战略文件》规划指南，将简化海洋可再生能源装置布放流程，从而大幅度降低项目风险。只要项目技术细节不偏离初始方案，允许一定的技术灵活性。此外，规定商业化发电场的输电电缆成本将由法国输电系统运营商承担。

截至 2020 年底，法国已为两个潮流能发电项目提供了电价支持，给予固定上网电价为 173 欧元/（MW·h），并可获得部分资金资助以及贷款优惠，但目前这两个项目由于机组技术原因仍处于搁置状态。

截至 2020 年底，法国环境能源管理局 ADEME 投入约 7 300 万欧元支持海洋能项目（不包括海上风电），包括 6 个已完成或在研项目。

2020 年，法国国家研究署（ANR）指定 7 个"能源转换研究所"中的一家专门从事海洋可再生能源开发，并与法国海洋可再生能源研究所（FEM）合作。2019—2024 年，政府将拨付 1 600 万欧元资金支持海洋能创新研究及项目研发（企业需匹配等额资金）。

二、法国海洋能技术进展

由法国电力集团运营的 Paimpol-Bréhat 试验场，主要用于潮流能装置海试。2020 年，配备了双垂直反向旋转轴的 HydroQuest 1 MW 机组继续在法国布列塔尼北部的 Paimpol-Bréhat 试验场开展测试。该机组于 2019 年 6 月开始并网发电，2021 年夏季将完成为期两年的示范进行回收。

图 5.7　HydroQuest 机组准备布放

第五节　其他国家 2020 年度海洋能技术进展

一、加拿大海洋能技术进展

2020 年底，加拿大政府发布了《健康环境与健康经济》气候行动计划，提出若干支持可再生能源发展的措施，包括：4 年内投资 9.64 亿加元，用于推进智能可再生能源和电网现代化项目；5 年内向加拿大可持续发展技术部投资 7.5 亿加元，用于支持清洁技术发展。这些措施是对 2020 年早些时候加拿大基础设施银行宣布的 25 亿加元清洁能源专项资金的补充。

2020 年，DP Energy 公司继续在 FORCE 开发其 9 MW 潮流能发电场项目——Uisce Tapa，并完成了现场工程详查及场区规划，计划在

2022 年安装海底电缆，2023 年安装机组。

英国 Nova Innovation 公司继续在新斯科舍省 Petit 水道开发潮流能项目。2020 年 9 月，加拿大政府向该项目第一阶段提供了 400 万加元资助，第一台机组将于 2021 年布放。

2020 年，Sustainable Marine 公司获得了加拿大政府 2 850 万美元资助，继续开发其在 FORCE 的 9 MW Pempa'q 潮流能发电场项目。项目第一阶段将安装 3 个 420 kW 的 PLAT-I 平台（图 5.8），第一个 PLAT-I 平台将于 2021 年布放。

图 5.8　420kW PLAT-I 平台完成建造

二、日本海洋能技术进展

在日本环境省支持下，Kyuden Mirai Energy 公司与长崎海洋产业集团促进协会联合在长崎县五岛列岛建造首个 500 kW 潮流能电站，机组由英国亚特兰蒂斯资源公司设计建造（图 5.9）。2020 年 12 月，AR500 机组运抵日本，计划于 2021 年初安装。

图 5.9 AR500 机组即将布放

东京大学工业科学研究所设计、川崎重工业株式会社等公司建造的波浪能发电装置，于 2020 年 2 月安装在神奈川县的平冢 Shinko 防波堤(图 5.10)，实现并网发电。

图 5.10 平冢波浪能电站

三、韩国海洋能技术进展

韩国波浪能测试场（K-WETS）位于济州岛西部海域，利用现有的Yongsoo 振荡水柱式波浪能装置作为第一个测试泊位，同时也作为试验场的海上变电站，由韩国船舶与海洋工程研究所（KRISO）负责开发，总预算约为 1 730 万美元。试验场另有 4 个泊位：两个位于浅水区，水深 15 m；两个位于深水区，水深 40~60 m，都已连接到海上变电站和电网系统，总装机容量为 5 MW。该试验场于 2020 年 9 月正式开放。

韩国潮流能中心（KTEC）潮流能试验场位于朝鲜半岛西南水域（Uldolmok 潮流能电站所在海域），由 KIOST 负责，包含 5 个测试泊位，水深 25~30 m，并网装机容量为 4.5 MW，将于 2022 年底建成（图5.11）。2020 年，完成了试验场海域环境影响和航行安全评估。

图 5.11　KTEC 试验场设计图

四、西班牙海洋能技术进展

2020 年，西班牙政府继续制定《2021—2030 年国家能源和气候综合计划》和《能源转型和气候变化法》。《2021—2030 年国家能源和气候综合计划》（草案）为海洋能设定的目标是，到 2025 年装机容量达到 25 MW，到 2030 年装机容量达到 50 MW。

西班牙生态转型和人口挑战部（MITECO）就海上风能及海洋能发展路线图开展公众咨询，提出到 2030 年实现海上风电装机 3 GW 和海洋能装机 60 MW 的目标。

BiMEP 位于比斯开省 Armintza，2015 年开始运营。Mutriku 波浪能电站是世界上第一个并网波浪能电站，建在巴斯克地区的一个防波堤内，2019 年被纳入 BiMEP，其两个气室可作为振荡水柱式波浪能发电装置的测试站。Mutriku 电站自 2011 年 7 月并网至 2020 年 1 月累计发电量达到 $2×10^6$ kW·h。

2020 年秋季，Wavepiston 公司在位于西班牙加那利群岛的 PLOCAN 海洋平台安装了第一台全比例波浪能发电装置样机。该波浪能装置样机由 24 个波浪能模块组成，目前正对其中的 2 个模块进行测试，计划在 2021 年秋季全部布放完成。

缩　略　语

AMETS	Atlantic Marine Energy Test Site，大西洋海洋能试验场	
BEIS	Department for Business，Energy and Industrial Strategy，英国商业、能源和工业战略部	
BiMEP	Biscay Marine Energy Platform，比斯开海洋能试验场	
BTTS	（Marine Renewable Energy Collaborative）Bourne Tidal Test Site，海洋可再生能源联盟(MRECo)伯恩潮流能测试场	
CCC	Committee on Climate Change，（英国）气候变化委员会	
CfD	Contract for Difference，差价合约固定电价	
CFD	Computational Fluid Dynamics，计算流体动力学	
CHTTC	Canadian Hydrokinetic Turbine Test Centre，加拿大水轮机测试中心	
CNKI	Chinese National Knowledge Infrastructure，中国国家知识基础设施工程	
CORE	Center for Ocean Renewable Energy，（新罕布什尔大学)海洋可再生能源中心	
DanWEC	Danish Wave Energy Center，丹麦波浪能中心	
EMEC	European Marine Energy Centre，欧洲海洋能源中心	
EMFF	European Maritime and Fisheries Fund，欧洲海事与渔业基金	
ERDF	European Regional Development Fund，欧洲区域发展基金	

FORCE	Fundy Ocean Research Center for Energy，芬迪湾海洋能源研究中心
IPPA	Innovative Power Purchase Agreements，创新电力购买协议
IEA OES	International Energy Agency Ocean Energy System，国际能源署海洋能系统
IEC	International Electrotechnical Commission，国际电工委员会
IRENA	International Renewable Energy Agency，国际可再生能源署
ISO	International Organization for Standardization，国际标准化组织
ITEG	Integrating Tidal Energy into the European Grid，潮流能发电并网
JPWETF	Jennette's Pier Wave Energy Test Facility，珍妮特码头波浪能试验场
KIOST	Korean Institute of Ocean Science and Technology，韩国海洋科学技术研究院
KRISO	Korea Research Institute of Ships and Ocean Engineering，韩国船舶与海洋工程研究所
KTEC	Korea Tidal Energy Center，韩国潮流能中心
K-WETS	Korea Wave Energy Test Site，韩国波浪能测试场
MEC	Marine Energy Council，英国海洋能理事会
META	Marine Energy Test Area，META 海洋能试验场
MHK	Marine and Hydrokinetic，海洋及水动力
MPS	Marine Power Systems，海洋动力系统公司
MTDZ	Morlais Tidal Demonstration Zone，MTDZ 潮流能试验场
OEE	Ocean Energy Europe，欧洲海洋能联盟
OPT	Ocean Power Technologies，海洋电力技术公司

OTECTS	Ocean Thermal Energy Conversion Test Site，海洋温差能试验场	
PLOCAN	Oceanic Platform of the Canary Islands，加那利群岛海洋测试场	
PMEC LW	Pacific Marine Energy Center Lake Washington，太平洋海洋能中心华盛顿湖试验场	
PMEC NETS	Pacific Marine Energy Center North Energy Test Site，太平洋海洋能中心北部能源试验场	
PMEC SETS	Pacific Marine Energy Center South Energy Test Site，太平洋海洋能中心南部能源试验场	
PMEC TRHTS	Pacific Marine Energy Center Tanana River Hydrokinetic Test Site，太平洋海洋能中心塔纳纳河水动力试验场	
PTO	Power Take-Off，动力输出装置	
REC	Runde Environmental Centre，伦德环境中心	
REN21	Renewable Energy Policy Network for the 21st Century，21 世纪的可再生能源政策网络	
RO	Renewables Obligation，可再生能源义务	
ROC	Renewable Obligation Certificate，可再生能源义务证	
SEENEOH	Site Experimental Estuarial National pour Essai et Optimisation Hydroliennes，SEENEOH 潮流能试验场	
SEM-REV	Site d'Essais en mer，SEM-REV 海洋能试验场	
SNMREC	Southeast National Marine Renewable Energy Center，东南国家海洋可再生能源中心	
STTS	Sentosa Tidal Test Site，圣淘沙岛潮流能试验场	
TIGER	Tidal Stream Industry Energiser，潮流能产业加速器	
TLP	Tidal Lagoon Power，潮汐潟湖电力公司	
TTC	Tidal Test Centre，TTC 潮流能试验场	

UKAS	United Kingdom Accreditation Service，英国皇家认可委员会
USACE FRF	U. S. Army Corps of Engineers Field Research Facility，美国陆军工程师团河流能试验场
WEFO	Welsh European Funding Office，威尔士欧洲基金办公室
WERC	Wave Energy Research Center，(加拿大北大西洋大学)波浪能研究中心
WES	Wave Energy Scotland，苏格兰波浪能计划
WETS	Wave Energy Test Site，美国海军波浪能试验场
WPTO	Water Power Technologies Office，水能技术办公室